Brüche und Dezimalbrüche

1. Trage die Brüche und Dezimalbrüche am Zahlenstrahl ein.

$1\frac{1}{5}$ ~~$\frac{1}{2}$~~ $\frac{1}{4}$ $1\frac{4}{5}$ $\frac{3}{4}$ $1\frac{1}{2}$ ~~0,5~~ 1,8 1,2 0,25 1,5 0,75

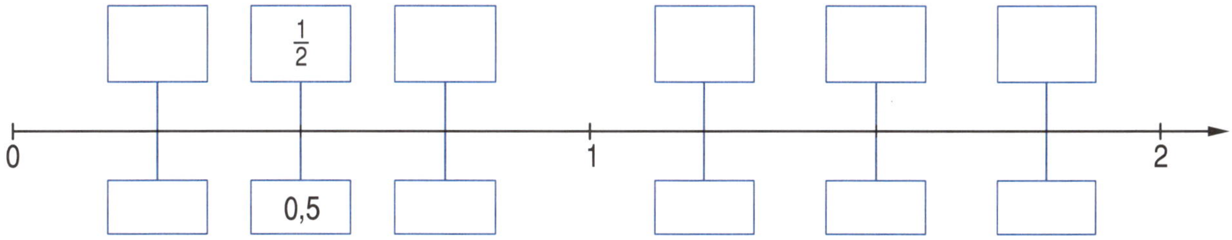

2. Setze ein: >, < oder =.

a)	b)	c)	d)
$\frac{1}{2}$ ☐ $\frac{3}{4}$	0,75 ☐ 0,5	$1\frac{1}{2}$ ☐ 1,5	1,2 ☐ $1\frac{1}{2}$
$1\frac{1}{5}$ ☐ $\frac{1}{4}$	1,5 ☐ 0,75	0,75 ☐ $\frac{1}{2}$	$1\frac{1}{5}$ ☐ 1,5
$1\frac{1}{2}$ ☐ $\frac{3}{4}$	0,25 ☐ 1,8	0,5 ☐ $\frac{3}{4}$	0,75 ☐ $\frac{3}{4}$
$\frac{1}{4}$ ☐ $1\frac{4}{5}$	1,2 ☐ 2	$\frac{1}{4}$ ☐ 0,25	$\frac{1}{4}$ ☐ 0,5

3. Finde selbst Vergleiche.

a)

$\frac{3}{4}$	>	
	>	0,75
	>	1,2

b)

$\frac{1}{2}$	<	
$1\frac{1}{5}$	<	
	<	0,75

c)

	=	1,8
$\frac{3}{4}$	=	
	=	1,2

4. Wie heißen die Zahlen? Trage ein.

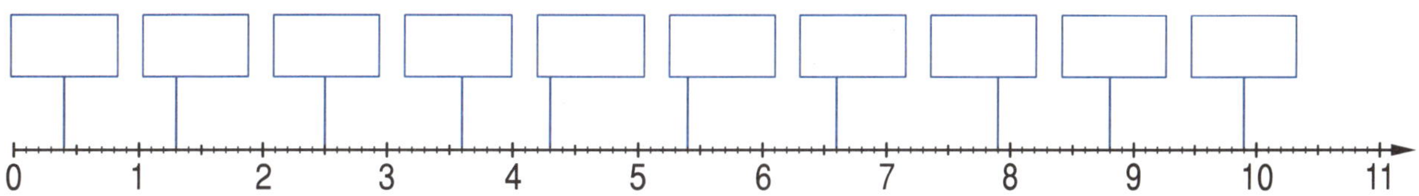

5. Wie heißt die Zahl in der Mitte?

a)

______

b)

______

c)

______

d)

______

6. Ordne die Zahlen zu.

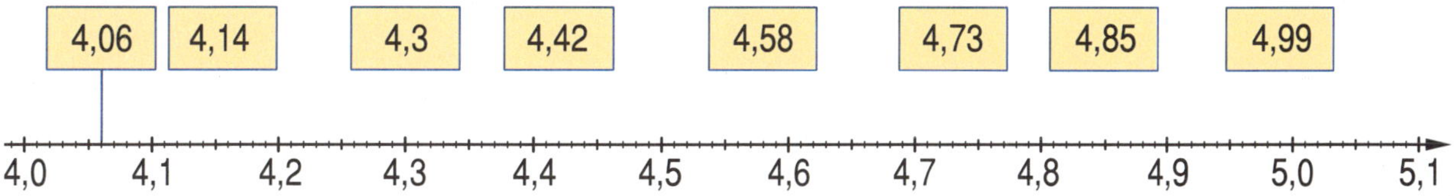

1. Wie viel Meter sind es?

a)

$\frac{3}{4}$ von 2 km = ________ m

$\frac{3}{4}$ von 2 000 m = ________ m

$\frac{1}{4}$ von 2 000 m = 500 m

$\frac{3}{4}$ von 2 000 m = ________ m

b) $\frac{2}{5}$ von 3 km = ________

$\frac{2}{5}$ von ________ = ________

$\frac{1}{5}$ von ________ = ________

$\frac{2}{5}$ von ________ = ________

c) $\frac{3}{8}$ von 4 km = ________

$\frac{3}{8}$ von ________ = ________

$\frac{1}{8}$ von ________ = ________

$\frac{3}{8}$ von ________ = ________

2. a) $\frac{3}{5}$ von 2 kg = ________

$\frac{3}{5}$ von ________ = ________

$\frac{1}{5}$ von ________ = ________

$\frac{3}{5}$ von ________ = ________

b) $\frac{5}{6}$ von 3 kg = ________

$\frac{5}{6}$ von ________ = ________

$\frac{1}{6}$ von ________ = ________

$\frac{5}{6}$ von ________ = ________

3. Wandle um in die kleinere Einheit, dann bestimme den Bruchteil.

a)

	4,4 m	2,8 m	0,8 m	3,2 m	4,0 m	0,12 m
	440 cm					
ein Viertel						
drei Viertel						

b)

	2,1 kg	1,5 kg	2,4 kg	0,9 kg	2,7 kg	0,3 kg
	2 100 g					
ein Drittel						
zwei Drittel						

4. Peters Weg zum Sportplatz ist 1,2 km lang.
Nach $\frac{1}{4}$ der Strecke holt er Paul ab.

a) Wie weit entfernt von Peter wohnt Paul?

A: ________________________________

b) Wie weit entfernt vom Sportplatz wohnt Paul?

A: ________________________________

1. Schreibe zu jeder Zeichnung zwei Rechnungen mit Ergebnis.

a) 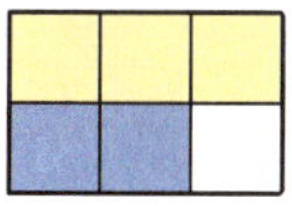

$\frac{3}{6} + \frac{2}{6} =$ ___

$\frac{5}{6} - \frac{2}{6} =$ ___

b) 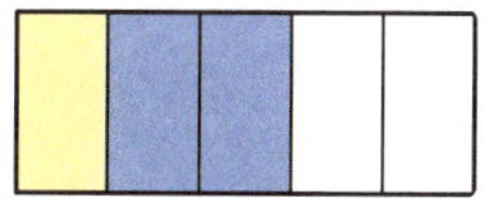

___ + ___ = ___

___ − ___ = ___

c) 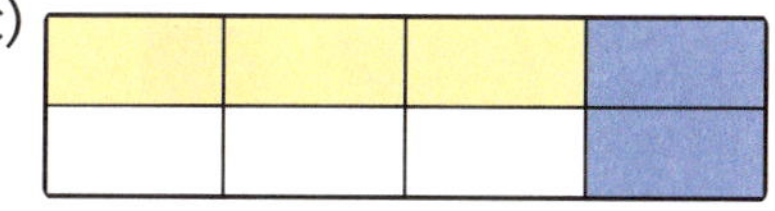

___ + ___ = ___

___ − ___ = ___

2. Wie viel fehlt zur nächst größeren ganzen Zahl?

a) 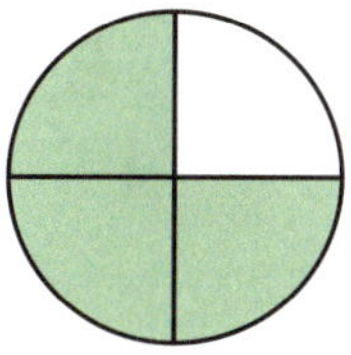

$\frac{3}{4} +$ ___ $= \frac{4}{4} = 1$

b) 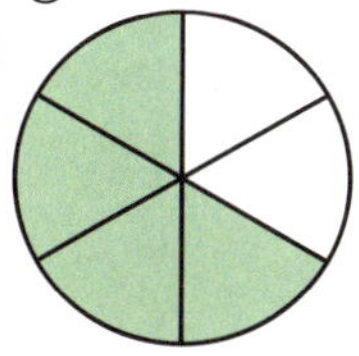

___ + ___ = ___ = ___

c) 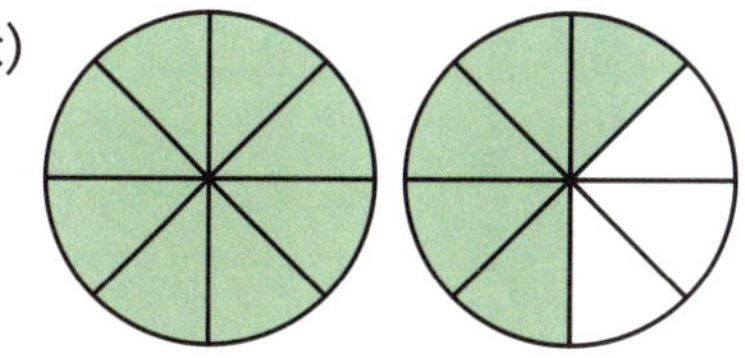

___ + ___ = ___ = ___

3. Färbe die Bruchteile und addiere.

a) 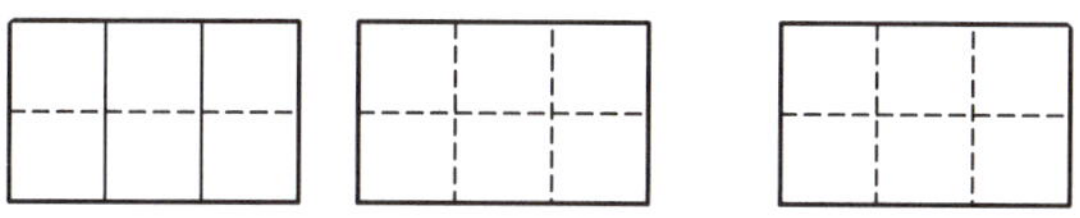

$\frac{1}{3} + \frac{1}{6} =$ ___

b) 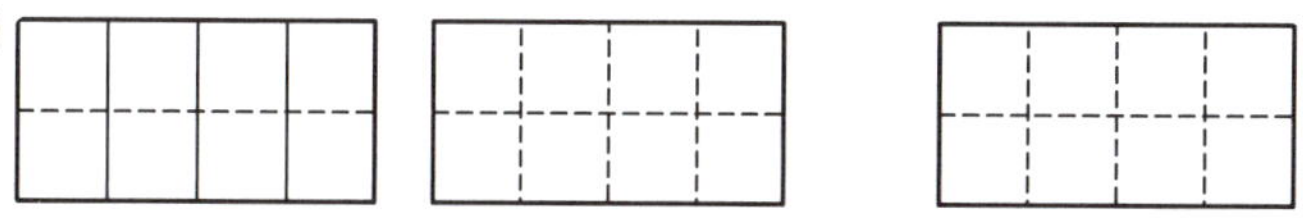

$\frac{3}{4} + \frac{1}{8} =$ ___

4. Finde den gemeinsamen Nenner, dann rechne.

a) $\frac{5}{6} - \frac{2}{3} = \frac{5}{6} - \frac{}{6} =$ ___

b) $\frac{2}{3} - \frac{1}{9} =$ — − — = ___

c) $\frac{1}{4} + \frac{2}{12} =$ — + — = ___

d) $\frac{1}{3} + \frac{2}{9} = \frac{}{9} + \frac{2}{9} =$ ___

e) $\frac{1}{8} + \frac{1}{2} =$ — + — = ___

f) $\frac{3}{4} - \frac{3}{8} =$ — − — = ___

5. Schreibe das Ergebnis als gemischte Zahl.

a) $\frac{7}{10} + \frac{3}{5} = \frac{}{10} + \frac{}{10} =$ ___ = ___

b) $\frac{1}{2} + \frac{5}{8} =$ — + — = ___ = ___

c) $\frac{5}{6} + \frac{1}{3} =$ — + — = ___ = ___

d) $\frac{7}{8} + \frac{3}{4} =$ — + — = ___ = ___

6. Erweitere die Brüche auf einen gemeinsamen Nenner, dann addiere.

a) $\frac{1}{2} + \frac{1}{3} = \frac{1 \cdot 3}{2 \cdot 3} + \frac{1 \cdot 2}{3 \cdot 2} =$ ___

b) $\frac{2}{5} + \frac{1}{4} =$ ___ + ___ = ___

c) $\frac{1}{5} + \frac{1}{2} =$ ___ + ___ = ___

d) $\frac{2}{3} + \frac{1}{5} =$ ___ + ___ = ___

7. Erweitere die Brüche auf einen gemeinsamen Nenner, dann subtrahiere.

a) $\frac{3}{4} - \frac{1}{3} = \frac{3 \cdot 3}{4 \cdot 3} - \frac{1 \cdot 4}{3 \cdot 4} =$ ___

b) $\frac{5}{6} - \frac{3}{5} =$ ___ − ___ = ___

c) $\frac{1}{2} - \frac{2}{5} =$ ___ − ___ = ___

d) $\frac{5}{8} - \frac{2}{5} =$ ___ − ___ = ___

8. a) $1 - \frac{1}{4} = \frac{4}{4} - \frac{1}{4} =$ ___

b) $1 - \frac{3}{5} =$ ___ − ___ = ___

1. Wie viel Euro bezahlen die Kinder?

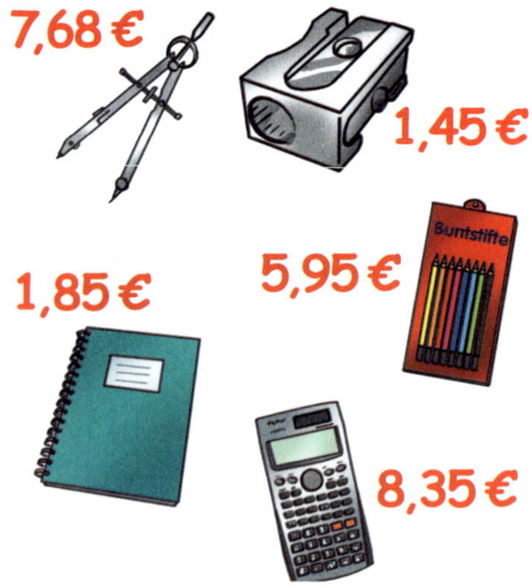

a)

b)

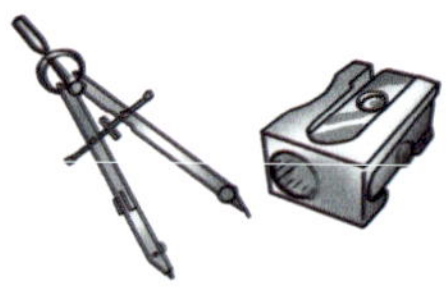

Leo bezahlt ____.   Ali bezahlt ____.

2. a) Tim zahlt für zwei verschiedene Dinge 3,30 €.
Was hat Tim gekauft?

A: ______________________

b) Dilek zahlt für zwei verschiedene Dinge 7,40 €.
Was hat Dilek gekauft?

A: ______________________

3. Wie viel Euro bekommen die Kunden zurück?

a)

b)

c)

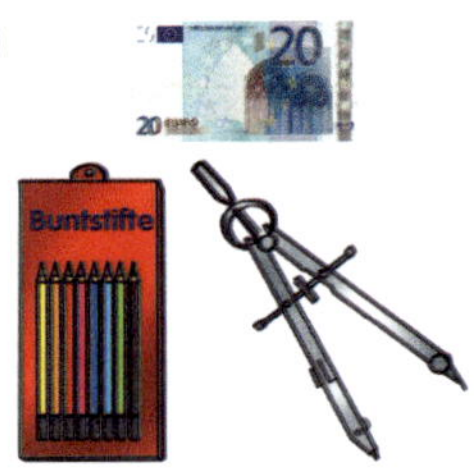

d)

______   ______   ______   ______

4. Im Kopf oder schriftlich?

a)	b)	c)
14,75 + 7,54 = ____	76,78 − 43,56 = ____	17,2 + 2,4 = ____
4,0 + 2,5 = ____	12,5 − 2,5 = ____	0,75 + 1,3 = ____
3,3 + 0,2 = ____	69,5 − 7,83 = ____	24,8 − 1,6 = ____
2,4 + 83,63 = ____	8,0 − 3,5 = ____	78,2 − 9,75 = ____

1. Ergänze die Zeichnung und die Rechnung.

a)

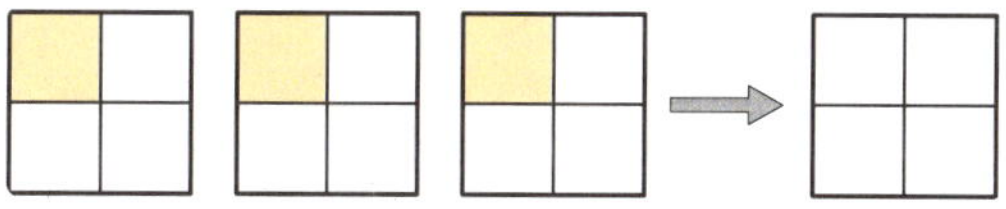

$3 \cdot \frac{1}{4} = \frac{3 \cdot 1}{4} =$ ______

b)

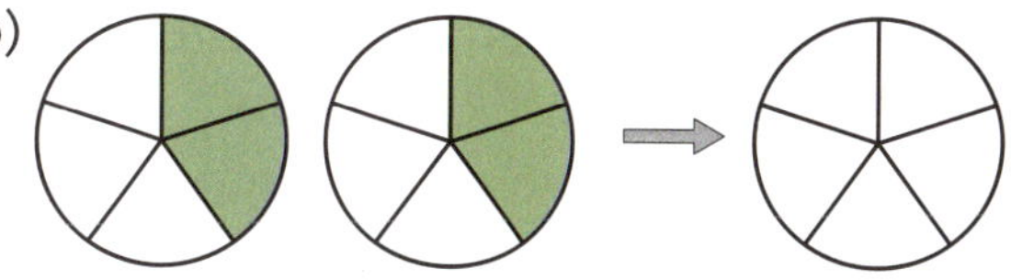

______ · ______ = ______ = ______

2. a) $3 \cdot \frac{1}{5} =$ ______   b) $2 \cdot \frac{2}{8} =$ ______   c) $\frac{1}{8} \cdot 5 =$ ______

$2 \cdot \frac{2}{7} =$ ______ $4 \cdot \frac{2}{9} =$ ______ $\frac{3}{10} \cdot 3 =$ ______

3. Ergänze die Zeichnung und die Rechnung.

a)

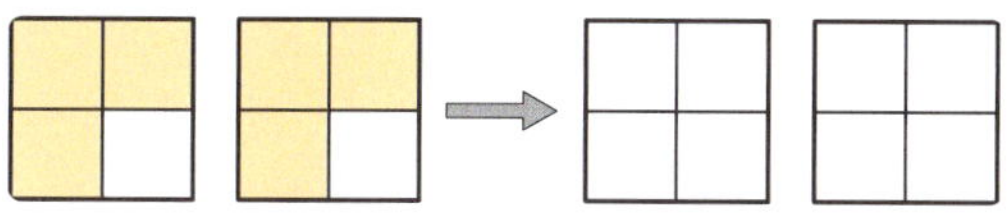

$2 \cdot \frac{3}{4} = \frac{2 \cdot 3}{4} = \frac{\quad}{4} = 1\frac{\quad}{4}$

b)

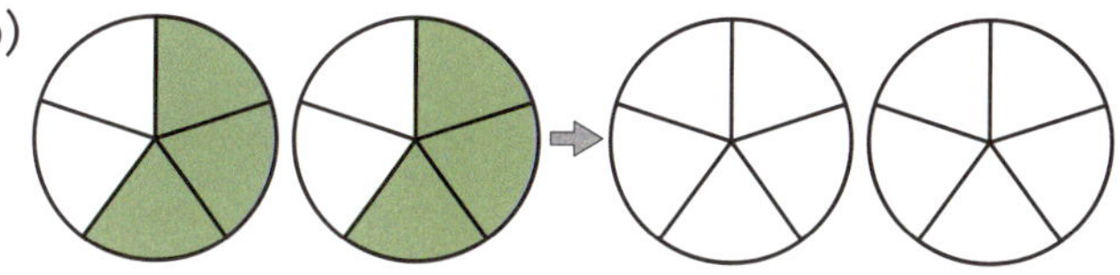

______ · ______ = ______

4. Schreibe das Ergebnis als gemischte Zahl.

a) $3 \cdot \frac{2}{5} =$ ______   b) $4 \cdot \frac{3}{7} =$ ______   c) $\frac{3}{5} \cdot 6 =$ ______

$2 \cdot \frac{4}{7} =$ ______ $5 \cdot \frac{5}{6} =$ ______ $\frac{4}{7} \cdot 5 =$ ______

$5 \cdot \frac{7}{8} =$ ______ $3 \cdot \frac{3}{8} =$ ______ $3 \cdot \frac{4}{5} =$ ______

5. Ergänze die Zeichnung und die Rechnung.

a)

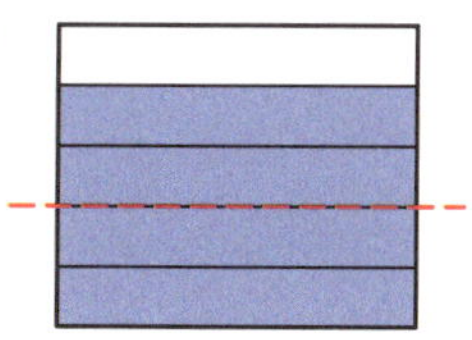

$\frac{4}{5} : 2 = \frac{4 : 2}{5} =$ ______

b)

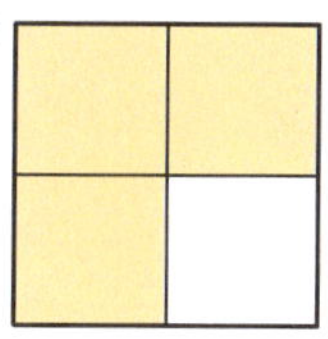

$\frac{3}{4} : 3 = \frac{\quad}{4} =$ ______

c)

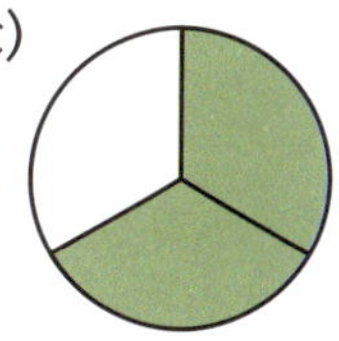

$\frac{2}{3} : 2 = \frac{\quad}{\quad} =$ ______

6. a) $\frac{5}{6} : 5 =$ ______   b) $\frac{4}{7} : 2 =$ ______   c) $\frac{9}{10} : 3 =$ ______

$\frac{4}{5} : 4 =$ ______ $\frac{6}{9} : 3 =$ ______ $\frac{8}{11} : 4 =$ ______

7. Wandle vor dem Rechnen die gemischte Zahl um in einen Bruch.

a) $1\frac{3}{5} : 4 = \frac{8}{5} : 4 =$ ______   b) $1\frac{5}{7} : 4 =$ ______

$1\frac{3}{4} : 7 =$ ______ $2\frac{2}{5} : 3 =$ ______

8. Ergänze die Zeichnung und die Rechnung.

a)

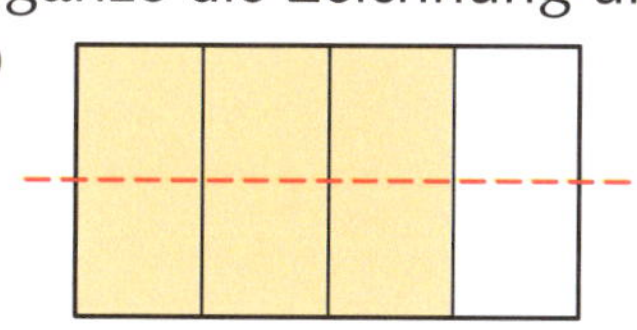

$\frac{3}{4} : 2 =$ ______

b)

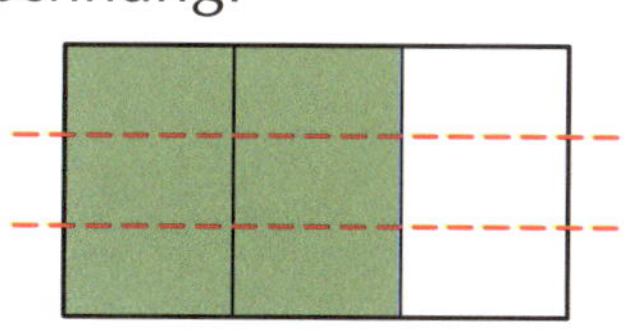

$\frac{2}{3} : 3 =$ ______

c)

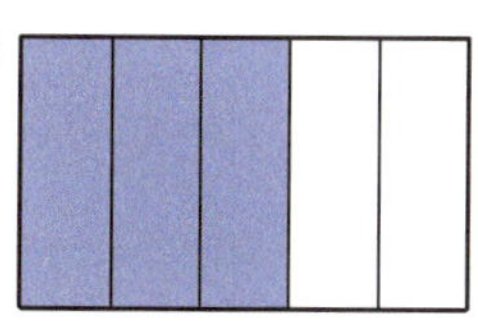

$\frac{3}{5} : 2 =$ ______

1. Leo, Rosa und Tim kaufen Obst auf dem Wochenmarkt.
Jeder kauft 3 kg von einer Sorte.
Welche Sorte Obst kauft jeder?
Überschlage, dann prüfe durch genaue Rechnung.

Leo kauft ______ Rosa kauft ______ Tim kauft ______

2. Multipliziere. Setze das Komma im Ergebnis an die richtige Stelle.

a) 3,2 · 4 b) 5,3 · 7 c) 24,6 · 4 d) 4,53 · 8

e) 5,34 · 36 f) 6,5 · 27 g) 37,56 · 34 h) 13,02 · 17

3. Auf dem Ausflug bekommt jedes Kind zwei Kugeln Eis. Frau Yilmaz zahlt für 4 Kinder 5,60 €.

a) Wie viel Euro zahlt sie für jedes Kind?

A: ______

b) Wie viel Euro kostet eine Kugel Eis?

A: ______

4. Rechne im Kopf.

a)	b)	c)	d)
1,2 : 4 = ___	2,4 : 6 = ___	0,90 : 3 = ___	2,10 : 7 = ___
3,0 : 6 = ___	3,5 : 7 = ___	0,30 : 3 = ___	1,50 : 5 = ___
5,6 : 8 = ___	0,8 : 4 = ___	3,30 : 3 = ___	2,22 : 2 = ___

5. Beende die Rechnungen. Setze das Komma im Ergebnis an die richtige Stelle.

a) 93,28 : 4 = 23
8
13

b) 52,78 : 7 = 7
49

1. Obsthändler Moser verkauft an Frau Wittig für ihren Gasthof 10 kg Bananen und 10 kg Birnen. Insgesamt verkauft er am Vormittag 100 kg Bananen und 100 kg Birnen. Färbe die Felder mit den zugehörigen Preisen entsprechend. Zwei Felder bleiben übrig.

1,75 €	235 €	23,50 €
175,00 €	2 350 €	17,50 €

2. Trage die Verkaufspreise für das Obst in die Tabelle ein.

	Äpfel	Bananen	Feigen	Birnen	Kiwi
1 kg	1,20 €				
10 kg					
100 kg					
1 000 kg					

3. Obsthändler Moser kauft Obst auf dem Großmarkt. Auf der Rechnung stehen die Einkaufspreise, die er bezahlt.
Trage die Einkaufspreise in die Tabelle ein, dann berechne die Preise für die angegebenen Mengen.

Rechnung

10 kg Feigen	21,30 €
100 kg Kiwi	110,00 €
100 kg Birnen	95,00 €
1 000 kg Bananen	1 250,00 €
1 000 kg Äpfel	670,00 €

	Äpfel	Bananen	Feigen	Birnen	Kiwi
1 kg					
10 kg			21,30 €		
100 kg					
1 000 kg					

4. Berechne den Preisunterschied zwischen Verkaufspreis und Einkaufspreis.

	10 kg Äpfel	10 kg Feigen	100 kg Kiwi	1 000 kg Birnen
Verkaufspreis				
Einkaufspreis				
Unterschied				

1. Wie viel Euro bezahlen die Kunden?

Eva

Leon

Sadaf

1,	6	5	·	0,	8
		0	0	0	
		1	3	2	0

Eva zahlt ________ €.   Leon zahlt ________ €.   Sadaf zahlt ________ €.

2. Multipliziere. Setze das Komma im Ergebnis an die richtige Stelle.

a) 3,4 · 0,7   b) 9,2 · 1,8   c) 3,05 · 2,6   d) 3,67 · 0,5

e) 2,76 · 3,5   f) 17,3 · 0,8   g) 28,56 · 5,2   h) 5,08 · 0,5

3. Multipliziere im Kopf oder schriftlich.

a) 34,8 · 7,2 = ________

b) 26,9 · 100 = ________

c) 5 · 0,4 = ________

d) 72,4 · 13 = ________

4. Dividiere im Kopf oder schriftlich.

a) 1,5 : 5 = ________

b) 345,6 : 10 = ________

c) 37,2 : 3 = ________

d) 53,34 : 6 = ________

e) 0,8 : 100 = ________

1. Hannah und Thomas möchten eine Bananenquarkspeise für 6 Personen herstellen.
Wie viel brauchen sie von jeder Zutat?

______ Bananen ______ Sahne

______ Quark ______ Zitronen

Bananenquarkspeise für 2 Personen

$\frac{1}{2}$ zerdrückte Banane
0,250 kg Quark
0,2 l Sahne
$\frac{1}{2}$ abgeriebene Zitrone

2. Vier Freunde fahren zusammen an die Nordsee. Die Fahrt ist 600 km lang. Nach $\frac{3}{5}$ der Strecke machen sie ihre erste Rast. Die Benzinkosten von 189,60 € teilen sie sich.

a) Nach wie viel km machen die vier Freunde Rast?

A: ______________________________

b) Wie viel Euro zahlt jeder für Benzin?

A: ______________________________

3.

A: 3 kg kosten ______________.

A: 2,5 kg kosten ______________.

4. Welche Rechenart passt zum Text? Kreuze an.

	+	−	·	:
Rolf kauft 8 gleiche Stifte. Er bezahlt insgesamt 6,80 €.				
Der Weg ist 23,7 km lang. Andrea hat schon 9 km zurückgelegt.				
Heinz verdient in einer Stunde 7,80 €. Heute arbeitet er 7,5 Stunden.				
Ein Brötchen kostet 0,45 €. Ludwig kauft 17 Brötchen.				
Eugen fährt jeden Tag gleich weit. An 7 Tagen fährt er 117,6 km.				

5. Schreibe zu einem Text aus Aufgabe 4 eine Frage auf.
Rechne und schreibe einen Antwortsatz.

F: ______________________________

A: ______________________________

1. Ordne die Zahlen zu.

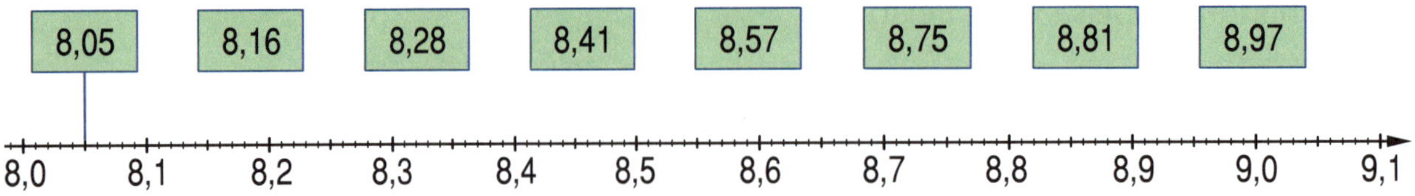

2. a) $\frac{3}{4}$ von 2 kg = ______

$\frac{3}{4}$ von ______ g = ______

$\frac{1}{4}$ von ______ = ______

$\frac{3}{4}$ von ______ = ______

b) $\frac{3}{5}$ von 3kg = ______

$\frac{3}{5}$ von ______ = ______

$\frac{1}{5}$ von ______ = ______

$\frac{3}{5}$ von ______ = ______

3. Finde den gemeinsamen Nenner, dann rechne.

a) $\frac{5}{8} - \frac{2}{4} = \frac{5}{8} - \frac{\_\_}{8} =$ ______

$\frac{1}{3} + \frac{4}{9} = \frac{\_\_}{9} + \frac{4}{9} =$ ______

b) $\frac{2}{5} - \frac{3}{10} = \frac{\_\_}{\_\_} - \frac{\_\_}{\_\_} =$ ______

$\frac{2}{10} + \frac{1}{2} = \frac{\_\_}{\_\_} + \frac{\_\_}{\_\_} =$ ______

c) $\frac{1}{4} + \frac{3}{12} = \frac{\_\_}{\_\_} + \frac{\_\_}{\_\_} =$ ______

$\frac{3}{4} - \frac{5}{8} = \frac{\_\_}{\_\_} - \frac{\_\_}{\_\_} =$ ______

4. Rechne im Kopf.

a) 1,5 : 3 = ______
1,6 : 4 = ______

b) 2,5 : 5 = ______
1,8 : 3 = ______

c) 0,80 : 2 = ______
4,50 : 5 = ______

d) 6,40 : 8 = ______
7,77 : 7 = ______

5. a)

· 100	
1,274	
13,84	
2,6	
7,008	

b)

: 10	
45,26	
1,9	
10,97	
0,78	

c)

: 100	
589,2	
92,4	
6,2	
56,03	

6. Hier wird immer multipliziert oder dividiert. Trage ein.

5,23 → (· 100) → ______ → (: 10) → ______ → (: 100) → ______ → (· 1000) → ______

7. 

0,96 €

Viererpack 2,56 €

a) Wie viel Euro kosten 5 Pakete Saft?

A: ________________________

b) Wie viel Euro kostet ein Schokoriegel?

A: ________________________

Zuordnungen 2

1. Die Jugendgruppe macht eine Fahrradtour ins Zeltlager.

a) Lies im Schaubild die Uhrzeiten und Weglängen ab und trage sie in die Tabelle ein.

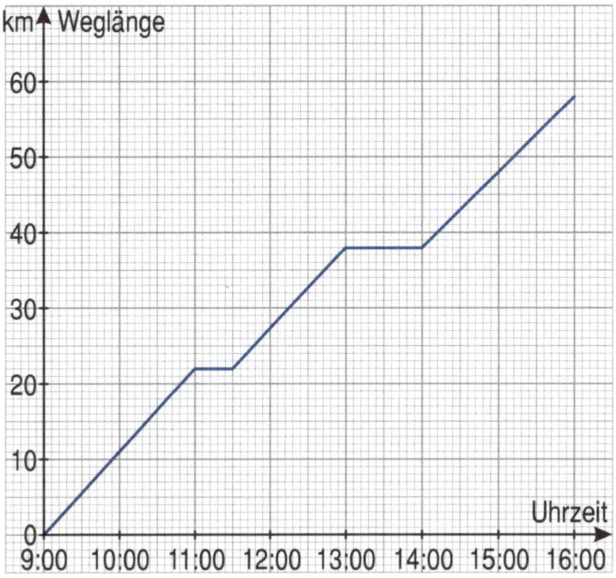

	Uhrzeit	Weglänge
Abfahrt		0 km
1. Pause	11:00 Uhr	
Mittagspause	13:00 Uhr	38 km
Ankunft		58 km

b) Ergänze die fehlenden Angaben in diesem Text:

Die Abfahrt ist um ________ Uhr. Die Jugendlichen fahren zunächst ________ Stunden lang ohne Unterbrechung. Die erste Pause beginnt um ________ Uhr und dauert ________ Minuten. Bis hierhin werden ________ km zurückgelegt.

Danach werden bis zur Mittagspause weitere ________ km gefahren.

Die Mittagspause beginnt um ________ Uhr und dauert genau ________ Stunde.

Um ________ Uhr wird die Fahrt fortgesetzt.

Es sind jetzt noch genau ________ km bis zum Zeltlager.

Die Gruppe benötigt für diese Teilstrecke ________ Stunden. Bei der Ankunft ist es ________ Uhr.

Die Gesamtstrecke von der Abfahrt bis zum Ziel beträgt ________ km.

1. Sedat besucht seinen Freund. Er fährt mit dem Fahrrad zur Bushaltestelle und dann mit dem Bus zum Stadtrand.
Lies die Uhrzeiten und Weglängen im Schaubild ab und trage sie in die Tabelle ein.

	Uhrzeit	Weglänge
Abfahrt zur Haltestelle		
Ankunft an der Haltestelle		
Beginn der Busfahrt		
Ankunft		

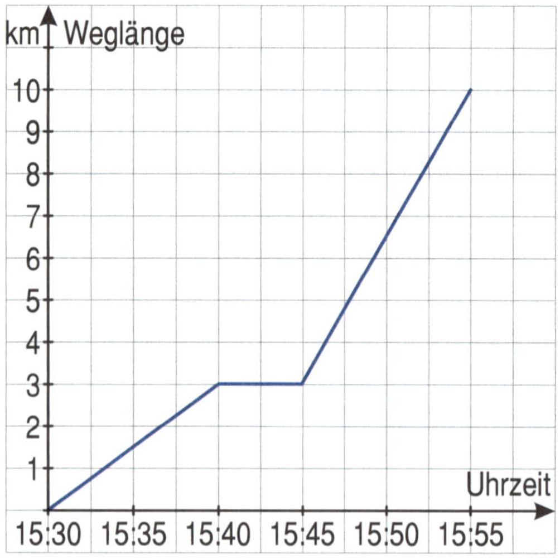

2. Helene und Chiara wandern zur Burg Lichtenfels und zurück. Insgesamt legen sie 20 km zurück. Um 16 Uhr sind sie wieder zu Hause.
a) Vervollständige die Tabelle und das Schaubild.

	Uhrzeit	Weglänge
Abmarsch		0 km
Beginn des Picknicks		
Ende des Picknicks		
Ankunft an der Burg	12:00 Uhr	
Abstieg von der Burg	12:30 Uhr	
Ankunft am Baggersee		14 km
Abmarsch vom Baggersee	14:30 Uhr	
Ankunft zu Hause		

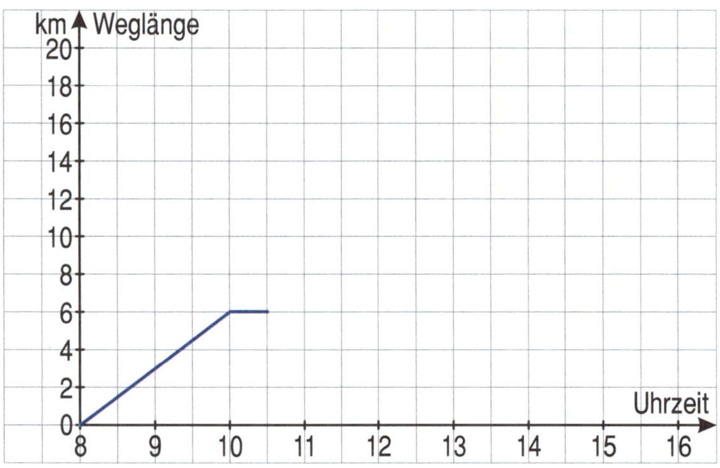

b) Kreuze die wahren Aussagen an.

- ◯ Von zu Hause bis zur Burg sind Helene und Chiara 10 km gewandert.
- ◯ Die Entfernung von der Burg zum Baggersee beträgt 4 km.
- ◯ Vom Baggersee bis nach Hause haben die Mädchen 3 Stunden gebraucht.

So ist das Rechenblatt bei einem Computer eingestellt:

Die **Spalten** werden mit Buchstaben beschriftet.

Die **Zeilen** werden mit Zahlen beschriftet.

	A	B	C	D	E	F
1			+			14
2					☼	
3		♥				
4	33					✈
5			19	☺		
6	@					
7						
8						

Wo sich eine **Spalte** und eine **Zeile** kreuzen, entsteht eine **Zelle**.
Hier kreuzt die Spalte **C** die Zeile **3**.
Die Zelle hat deshalb den Namen **C3**.

1. Suche auf dem Rechenblatt das Herz. Gib die Spalte, die Zeile und die Zelle an.

Spalte: ________ Zeile: ________ Zelle: ________

2. Gib den Namen der Zelle an, in der sich das Zeichen oder die Zahl befindet.

a) ☺ ________ b) @ ________ c) ✈ ________ d) 33 ________

e) ☼ ________ f) + ________ g) 14 ________ h) 19 ________

3.

	A	B	C	D	E	F	G
1	Ergebnisse beim Dart						
2							
3		Jan	Lea	Marc	Kim	Annika	Tom
4	1. Runde	49	67	56	42	58	71
5	2. Runde	54	45	68	58	47	40
6	3. Runde	69	63	72	49	61	55
7							
8	Endstand	172					

Die Inhalte der Zellen B4, B5 und B6 sollen addiert werden, das Ergebnis soll in Zelle B8 stehen.

1. Schritt: Das Gleichheitszeichen eingeben.
[=] - Taste

2. Schritt: Die Rechnung eingeben.
B4 [+] B5 [+] B6

3. Schritt: Eingabe mit [↵] bestätigen.

a) Erstelle das Rechenblatt am Computer.

b) Berechne den Endstand beim Dartspiel für jeden Spieler wie im Beispiel.
Trage für jeden Spieler den Endstand in die Tabelle ein.

1. Dominic möchte wissen, wie viel Euro jeder Schüler für die Klassenparty zahlen muss. Ein Computer kann dabei helfen. Erstelle die Tabelle am Computer.

	A	B	C	D	E	F
1	Abrechnung der Klassenparty					
2						
3		Anzahl	Einzelpreis			Gesamtpreis
4			in €			in €
5	Cola	4	0,98			3,92
6	Limo	3	0,78			
7	Wasser	6	0,49			
8	Chips	4	1,48			
9					Summe	
10	Schüler	12			Kosten je Schüler	
11					in €	

Der [*] auf deiner Tastatur ist das Multiplikationszeichen.
Der [/] auf deiner Tastatur ist das Divisionszeichen.

2. Wie heißt die richtige Eingabe in Zelle F5 zur Berechnung des Gesamtpreises für Cola? Kreuze an:

=F5*C3 ○ =A5*C3 ○ =B5*C5 ○ =B4*C4 ○

3. Berechne die Gesamtpreise für Limo, Wasser und Chips und übertrage sie in die Tabelle.

4. Wie heißt die richtige Eingabe in Zelle F9 zur Berechnung der Summe aller Gesamtpreise? Kreuze an.

=B5+B6+B7+B8 ○ =F5+F6+F7+F8 ○ =A6+B6+C6+E6 ○

5. Mit welcher Eingabe in Zelle F10 erhältst du die Kosten je Schüler? Kreuze an.

=F9/B10 ○ =F9+B10 ○ =F9*B10 ○ =F9-B10 ○

6. Ändere die Werte auf dem Rechenblatt deines Computers:
An der Party nehmen 16 Schülerinnen und Schüler teil.
Verbraucht werden 7 Cola, 4 Limo, 6 Wasser und 9 Tüten Chips.
Wie viel Euro muss jeder bezahlen?

A: ______________________________

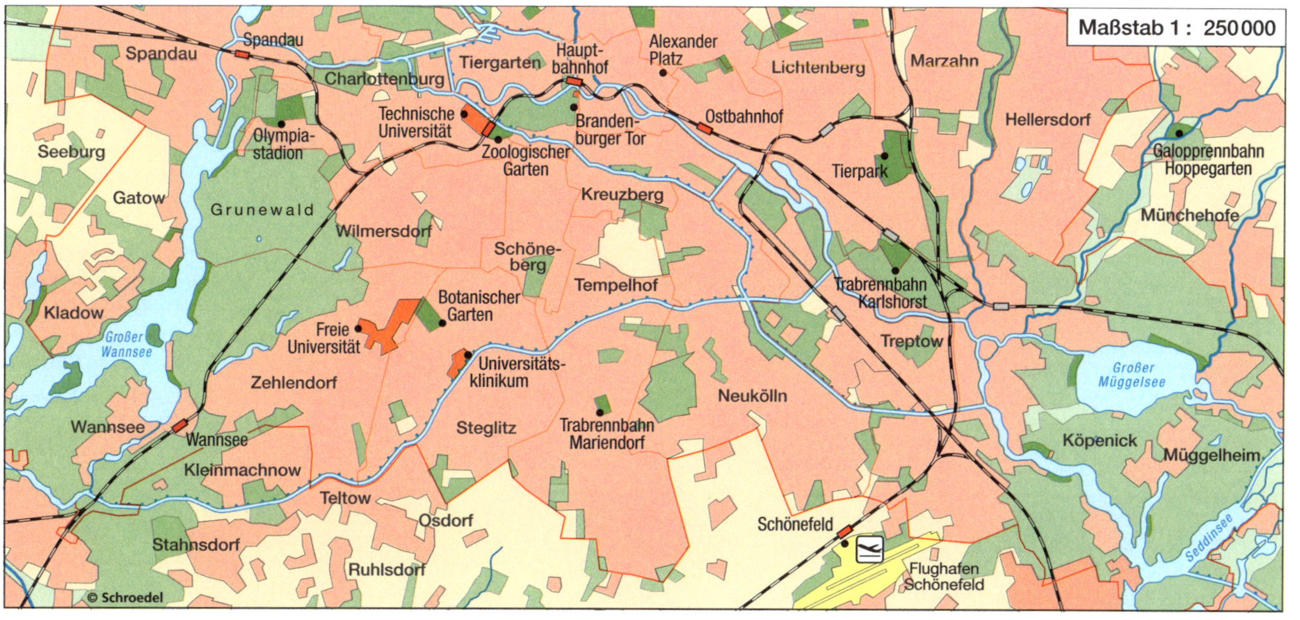

1. a) In der Wirklichkeit ist die Entfernung zwischen Brandenburger Tor und dem Alexanderplatz 250 000-mal (C2) so groß wie auf der Karte (B3). Mit der Eingabe in Zelle C3 wird diese Entfernung in cm berechnet. Um die Entfernung in km anzugeben, teilt man anschließend durch 100 000 (Eingabe in Zelle D3). Gib die Rechnungen ein.

	A	B	C	D
1	Strecke	cm auf Karte	cm in der Natur	km in der Natur
2		1	250000	2,5
3	Brandenburger Tor - Alexanderplatz	1,3	=B3*C2	=C3/100 000
4	Flughafen Schönefeld - Ostbahnhof			
5	Hoppegarten - Hauptbahnhof			
6	Hauptbahnhof - Alexanderplatz			
7	Olympiastadion - Botanischer Garten			
8				
9				
10				

b) Miss die Entfernungen auf der Karte und trage sie in die Tabelle ein.
c) Berechne die Entfernungen in der Wirklichkeit in km.

2. a) Miss die Luftlinien-Entfernungen auf der Karte und trage sie in die Tabelle ein.
b) Berechne mit dem Computer die Entfernungen in der Wirklichkeit. Ergänze die Tabelle.

	Hütte – Turm	Gasthof – Turm	Gasthof – Höhle	Turm – Schlucht	Schlucht – Hütte
Karte (cm)					
Wirklichkeit (km)					

1. Ein Brötchen kostet 40 Cent. Thea kauft 3 Brötchen.

F: Wie viel Euro bezahlt Thea?

A: ______________________________

Anzahl	Cent
1	
3	

· 3 (Anzahl) · 3 (Cent)

2. Berechne den fehlenden Preis.

a) Hörnchen

Anzahl	€
1	0,45
2	

b) Sesambrötchen

Anzahl	€
1	0,40
5	

c) Mohnbrötchen

Anzahl	€
3	1,50
6	

d) Vollkornbrötchen

Anzahl	€
2	1,00
10	

3. Herr Nickel kauft 3 Brote. Er bezahlt insgesamt 6,90 €.

F: Wie teuer ist ein Brot?

A: ______________________________

Anzahl	€
3	

: 3 (Anzahl) : 3 (€)

4. a) Gurken

Anzahl	€
2	1,60
1	

b) Joghurt

Anzahl	€
5	3,00
1	

c) Eier

Anzahl	€
4	1,20
2	

d) Streichkäse

Anzahl	€
6	9,00
2	

5. a) Milchkannen

Anzahl	€
10	60
1	

b) Bäckerhefe

kg	€
1	6,10
4	

c) Weizenmehl

kg	€
5	5,50
15	

d) Backformen

Anzahl	€
6	24,00
3	

6. Welches Angebot ist günstiger?

a) 

Anzahl	€
10	
1	

b) 

Anzahl	€
6	
1	

A: ______________________________

7. a) Brot

Anzahl	€
1	2,50
	5,00
4	

b) Torten

Anzahl	€
8	48,00
4	
	6,00

c) Vollkornmehl

kg	€
20	
10	25,00
1	

d) Gewürzmischung

g	€
100	3,20
200	
300	

1. Beim Schulfest verkauft die Back-AG selbst hergestellte Brötchen.

a) Berechne die fehlenden Preise.

(A)

Körnerbrötchen	
Anzahl	€
1	0,40
2	0,80
3	
4	

(B)

Sesambrötchen	
Anzahl	€
1	0,20
2	
3	
4	0,80

(C)

Rosinenbrötchen	
Anzahl	€
1	0,30
2	
3	0,90
4	

b) Zu welcher Tabelle gehört das Schaubild?

(1)

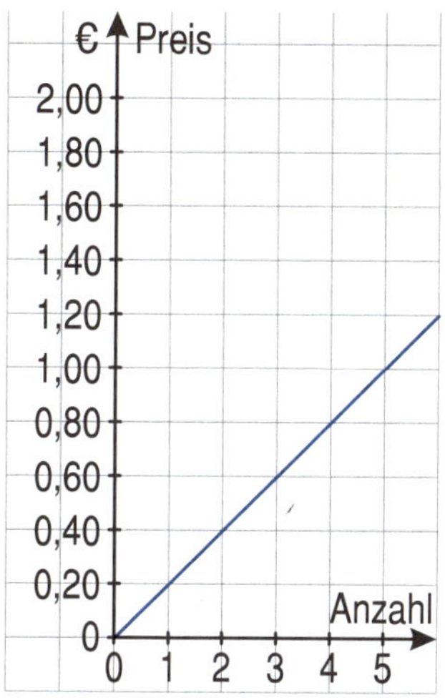

zu Tabelle ______

(2)

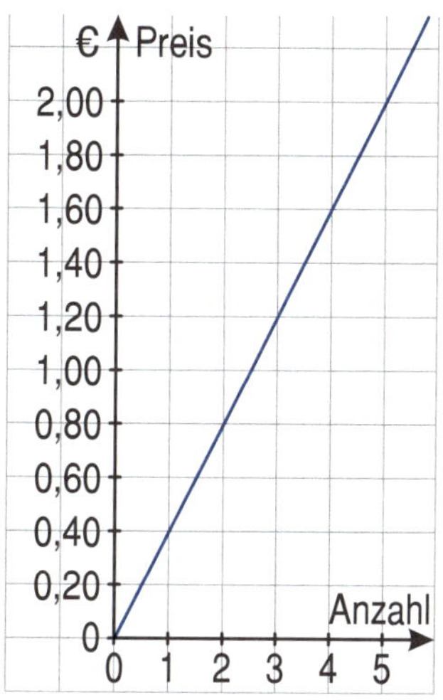

zu Tabelle ______

(3)

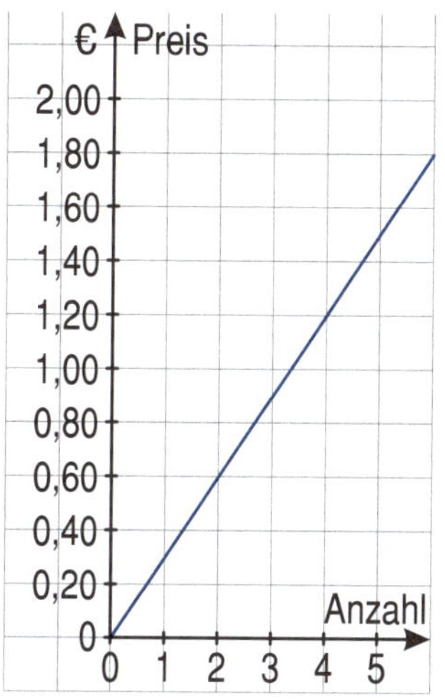

zu Tabelle ______

2. Richtig oder falsch? Kreuze die richtigen Aussagen an.

◯ a) Bei einer proportionalen Zuordnung gehört zur doppelten Menge der doppelte Preis.

◯ b) Bei einer proportionalen Zuordnung gehört zur doppelten Menge der halbe Preis.

◯ c) Im Schaubild einer proportionalen Zuordnung liegen die zugehörigen Punkte auf einer Geraden.

3. Vervollständige die Tabelle und das zugehörige Schaubild.

Berliner	
Anzahl	€
1	0,50
2	
3	
4	
5	2,50
6	
7	
8	

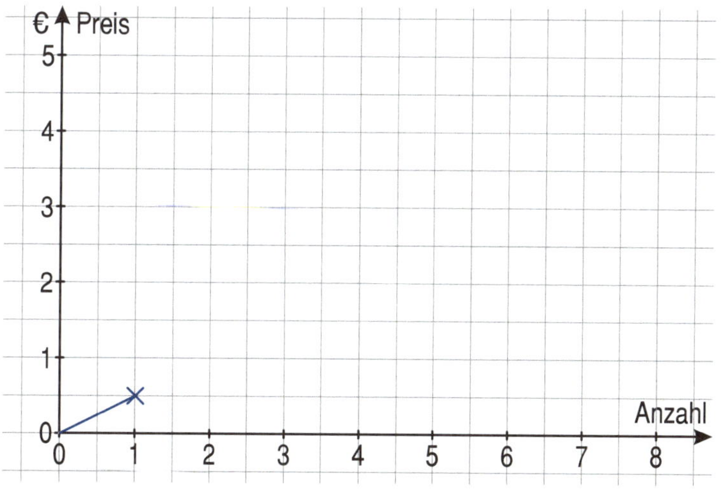

1. Je mehr Personen helfen, desto weniger Zeit wird für die Arbeiten benötigt.
Übertrage die Werte aus dem Schaubild in die Tabelle.

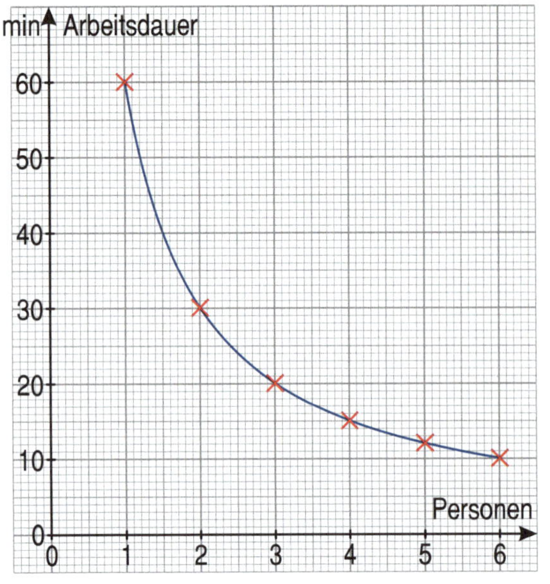

Arbeitsdauer	
Personen	min
1	60
2	30
3	
4	
	12
	10

2. Richtig oder falsch? Kreuze die richtigen Aussagen an.

◯ a) Bei einer antiproportionalen Zuordnung gehört zur doppelten Anzahl die halbe Dauer.

◯ b) Bei einer antiproportionalen Zuordnung gehört zur doppelten Anzahl die doppelte Dauer.

◯ c) Im Schaubild einer antiproportionalen Zuordnung liegen die zugehörigen Punkte auf einer Kurve.

3. Wie viel Zeit wird benötigt?

a) **Ausfegen**

	Personen	min	
	1	30	
· 3	3		: 3

b) **Aufräumen**

	Personen	min	
	1	100	
· ___	5		: ___

c) **Einsortieren**

Personen	min
2	120
4	

4. Wenn 3 Radlader eingesetzt werden, dauert das Vorbereiten eines Baugebietes 10 Stunden.
Es steht jedoch nur 1 Radlader für diese Arbeit zur Verfügung.

Radlader	h
3	

F: ______________________________

A: ______________________________

5. Wie viele Fahrten sind nötig?

a) **Steine**

	Lkw	Fahrten	
	2	4	
: 2	1		· 2

b) **Kies**

	Lkw	Fahrten	
	4	5	
:	2		·

c) **Sand**

Lkw	Fahrten
9	2
3	

1. Wie viele Bagger braucht man, um die Arbeit nach 8 Stunden zu beenden?

Bagger	h

A: ______________________________

2. Proportional (p) oder antiproportional (a)? Kreuze an.

		p	a
a)	Der Mietpreis für 3 Tage beträgt 90 €. Wie teuer ist die Miete für 2 Tage?		
b)	6 Maler streichen den Zaun in 5 Stunden. Wie viele Stunden benötigen 3 Maler für diese Arbeit?		
c)	Ein Lkw muss 4-mal fahren, um Sand zur Baustelle zu bringen. Wie viele Fahrten benötigen 2 Lkw?		
d)	5 kg Kleber kosten 19,90 €. Wie viel Euro kosten 50 kg Kleber?		

3. Eine der Tabellen gehört zu einer proportionalen Zuordnung. Vervollständige diese Tabelle. Zeichne dazu das Schaubild.

Anbringen von Treppengeländern

Anzahl	min
1	60
2	120
3	
4	
5	

Personen	min
1	300
2	150
3	
4	
5	

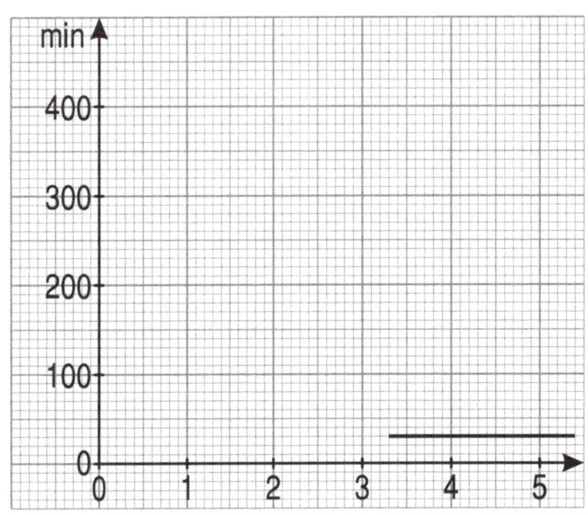

4. Ist die Zuordnung proportional oder antiproportional? Berechne die fehlende Größe.

a) **Lackieren**

Maler	min
2	50
4	

b) **Kosten**

Bohrer	€
10	20,50
20	

c) **Farbe**

Eimer	kg
6	30
3	

d) **Radlader**

Anzahl	h
4	8
1	

1. Vier Brötchen kosten 1,60 €.
Wie teuer sind 5 Brötchen?

	Anzahl	€	
: 4	4	1,60	: 4
· 5	1		· 5
	5		

A: ______________________________

2. Berechne zuerst den Einzelpreis.

a) **Mohnstangen**

Anzahl	€
3	1,80
1	
5	

b) **Körnerbrötchen**

Anzahl	€
2	1,00
1	
7	

c) **Sesambrötchen**

Anzahl	€
5	2,00
1	
2	

3. a) **Müsli**

Packungen	g
2	500
1	
3	

b) **Haferflocken**

Packungen	g
4	800
1	
9	

c) **Kakao**

Packungen	g
7	1 400
1	
3	

d) **Schinken**

Anzahl	kg
5	15
1	
6	

e) **Käse**

Anzahl	g
9	1 800
1	
8	

f) **Milch**

Flaschen	ℓ
4	2
1	
11	

4. Wie viel Euro bezahlen die Kunden?

a)

Anzahl	€
2	7,00
1	
3	

b)

Anzahl	€

c)

Anzahl	€

1. Berechne für jede Zutat die Menge für 6 Personen. Schreibe das Rezept für 6 Personen auf.

Erdbeerquark für 4 Personen
500 g Sahnequark
60 g Zucker
200 g Erdbeeren

Erdbeerquark für 6 Personen

____
____
____

a)

Quark	
Personen	g
4	
1	
6	

b)

Zucker	
Personen	g

c)

Erdbeeren	
Personen	g

2. Fünf Apfeltaschen kosten insgesamt 4,50 €.
Frau Tatje kauft 4 Apfeltaschen.

F: Wie viel Euro kosten 4 Apfeltaschen?

A: ______________________

3. 500 g Erdbeeren kosten insgesamt 3,00 €.
Herr Jürgens kauft 800 g Erdbeeren.

F: Wie viel Euro kosten 800 g Erdbeeren?

A: ______________________

4. Berechne die fehlenden Preise.

a)

Himbeeren	
g	€
400	3,20
100	0,80
500	

b)

Heidelbeeren	
g	€
300	2,40
100	
200	

c)

Johannisbeeren	
g	€
200	
100	0,75
400	

5. Herr Engelke bezahlt für 5 Flaschen Milch 3,50 €.
Frau Walsdorff kauft ebenfalls Milch und bezahlt 1,40 €.

F: Wie viele Flaschen Milch kauft Frau Walsdorff?

A: ______________________

6. Vervollständige.

a)

Kräuterbutter	
Packungen	€
	2,70
1	0,90
5	

b)

Tomatenmark	
Dosen	g
10	
1	70
	210

c)

Essig	
Flaschen	ml
2	
1	400
6	

1. Reicht die Farbe zum Streichen der 18 m² großen Mauer?

Farbe	
Liter	m²
3	6
1	
10	

A: ______________________________

2. Vervollständige.

a)

Farbe	
Liter	m²
7	21
1	
3	

b)

Farbe	
Liter	€
4	
1	2,50
10	

c)

Tapete	
Rollen	€
6	
1	
8	32,00

3. Verschiedene Rechenwege, aber das gleiche Ergebnis. Vervollständige die Rechnungen.

5 Rollen Tapete kosten 15 €. Frau Timmer kauft 20 Rollen.

Sven:

	Tapete		
	Rollen	€	
	5	15	
: 5	1		: 5
· 20	20		· 20

Bedriya:

	Tapete		
	Rollen	€	
	5	15	
· 4	20		· 4

4. Wie oft muss jeder Lkw fahren?

	Lkw	Fahrten	
	4	6	
: 4	1	24	· 4
· 3	3		: 3

A: ______________________________

5. Wie viele Fahrten sind notwendig?

a)

	Sand		
	Lkw	Fahrten	
	5	4	
: 5	1		· 5
· 4	4		: 4

b)

Zement	
Lkw	Fahrten
2	12
1	
3	

c)

Kies	
Lkw	Fahrten
3	10
1	
5	

1. Berechne die Preise.

a)

2 kg Erdbeeren	
kg	€
0,5	1,50

b)

3 kg Spargel	
kg	€

c)

10 kg Kartoffeln	
kg	€

2. Frau Akyol kauft 20 Eier. Sie bezahlt dafür 6,00 €.
Für 1 kg Bananen bezahlt Herr Trempeck 1,35 €.
Herr Olliges kauft 3 kg Äpfel. Dafür bezahlt er 4,50 €.
Frau Voß kauft 300 g Johannisbeeren. 100 g Johannisbeeren kosten 70 Cent.
Der Preis für Himbeeren und Heidelbeeren ist gleich. 200 g Heidelbeeren kosten 2,10 €.

a) Kreuze die Fragen an, die du beantworten kannst.

- ◯ Wie viel Euro kostet eine Heidelbeere?
- ◯ Wie viel Euro kosten 2 kg Bananen?
- ◯ Wie viel Euro kosten 200 g Johannisbeeren?
- ◯ Wie viel Euro kosten alle Waren auf dem Wochenmarkt zusammen?

b) Berechne die Preise.

2 kg Äpfel	
kg	€

100 g Himbeeren	
g	€

30 Eier	
Anzahl	€

c) Erfinde eigene Aufgaben.

g	€

g	€

kg	€

1. Berechne den fehlenden Preis.

a)

Tintenroller	
Anzahl	€
1	1,30
3	

b)

Hefte	
Anzahl	€
1	0,40
8	

c)

Bleistifte	
Anzahl	€
2	0,90
4	

d)

Schreibblöcke	
Anzahl	€
3	2,10
9	

2. a)

Kalender	
Anzahl	€
2	3,20
1	

b)

Mappen	
Anzahl	€
4	2,00
1	

c)

Malbücher	
Anzahl	€
10	9,00
5	

d)

Rätselhefte	
Anzahl	€
6	3,00
2	

3. Vervollständige die Tabelle und das zugehörige Schaubild.

Patronen	
Anzahl	€
1	0,60
2	1,20
3	1,80
4	
5	
6	
7	

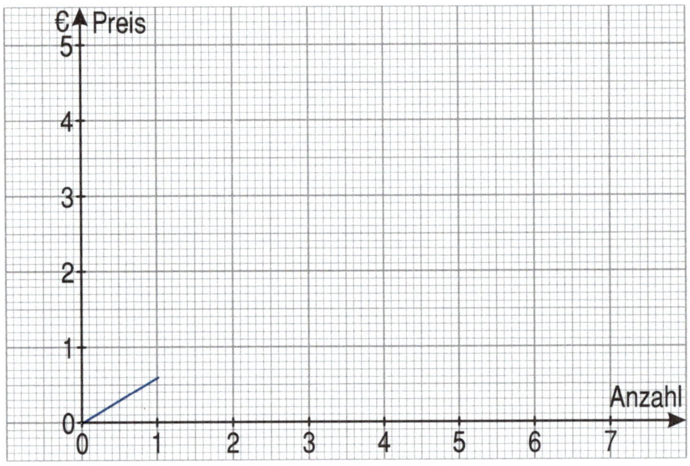

4. Eine Baugrube kann von 2 Baggern in 10 Stunden ausgehoben werden. In welcher Zeit könnten 4 Bagger die Baugrube ausheben?

A: ______________________________

5. Wie viele Stunden benötigen die Maschinen zur Erledigung der Arbeit?

a)

	Bagger		
	Anzahl	h	
· 3	1	18	: 3
	3		

b)

	Radlader		
	Anzahl	h	
· __	1	20	: __
	4		

c)

Pumpen	
Anzahl	h
1	45
5	

6. Berechne die fehlenden Preise.

a)

Pullover	
Anzahl	€
2	32
1	
3	

b)

T-Shirts	
Anzahl	€
4	20
1	
5	

c)

Gürtel	
Anzahl	€
4	24
1	
3	

Zeichnen und Konstruieren 3

1. a) Trage die Punkte A(2|4), B(7|8) und C(11|2) in das Koordinatensystem ein.
b) Zeichne die Gerade g durch die Punkte A und B.
c) Zeichne die Parallele zur Geraden g durch den Punkt C.

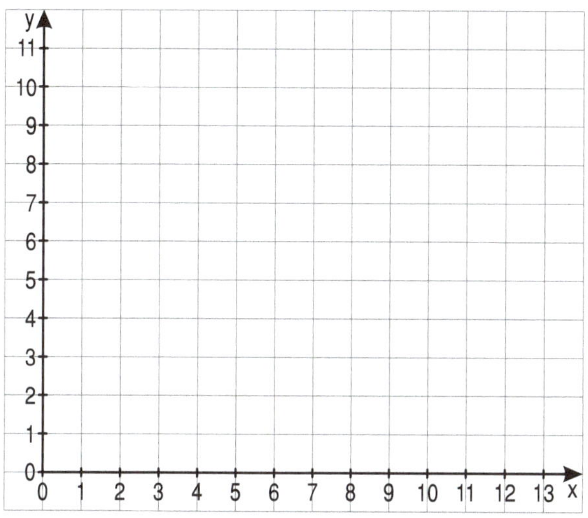

2. a) Trage die Punkte A(1|2), B(11|4) und C(5|8) in das Koordinatensystem ein.
b) Zeichne die Gerade g durch die Punkte A und B.
c) Zeichne die Senkrechte zur Geraden g durch den Punkt C.

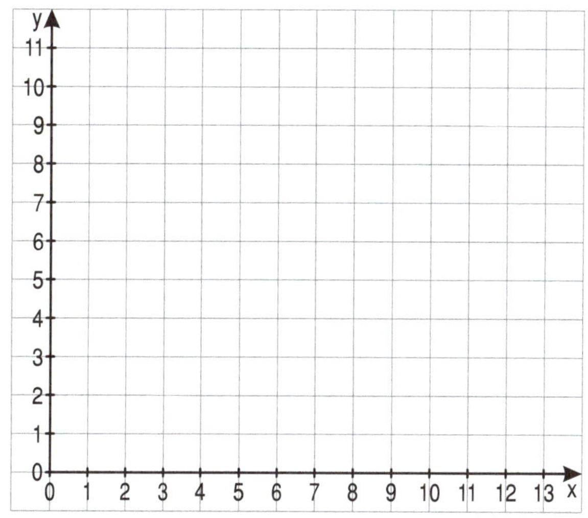

3. a) Trage die Punkte A(4|7) und B(11|6) in das Koordinatensystem ein.
b) Zeichne um die Punkte A und B Kreise mit dem Radius 2,5 cm.
c) Gib die Koordinaten der Schnittpunkte der beiden Kreise an.

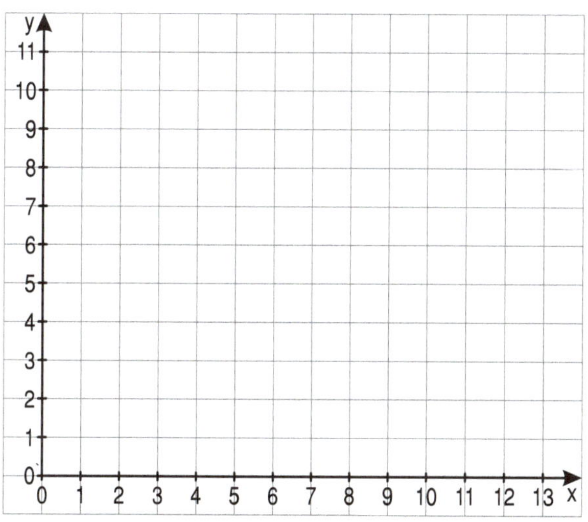

Schnittpunkte: (___|___) und (___|___)

4. a) Trage die Punkte A(5|6) und B(6|6) in das Koordinatensystem ein.
b) Zeichne Kreise um A (Radius 2,5 cm) und um B (Radius 2 cm).
c) Die Kreise berühren sich. Gib die Koordinaten des Berührpunktes an.

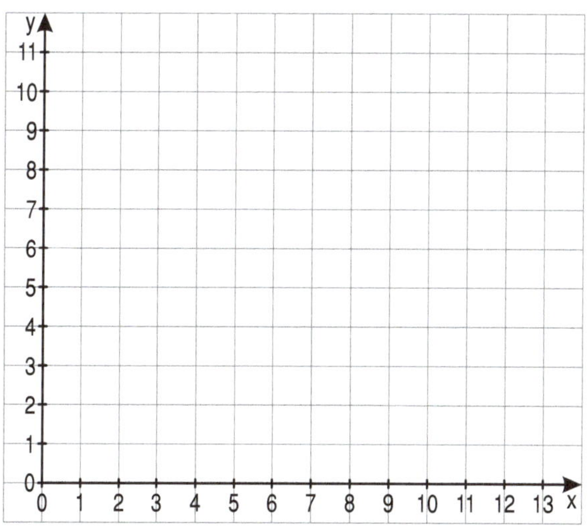

Berührpunkt: (___|___)

1. Welche Figuren sind deckungsgleich zu Figur A?

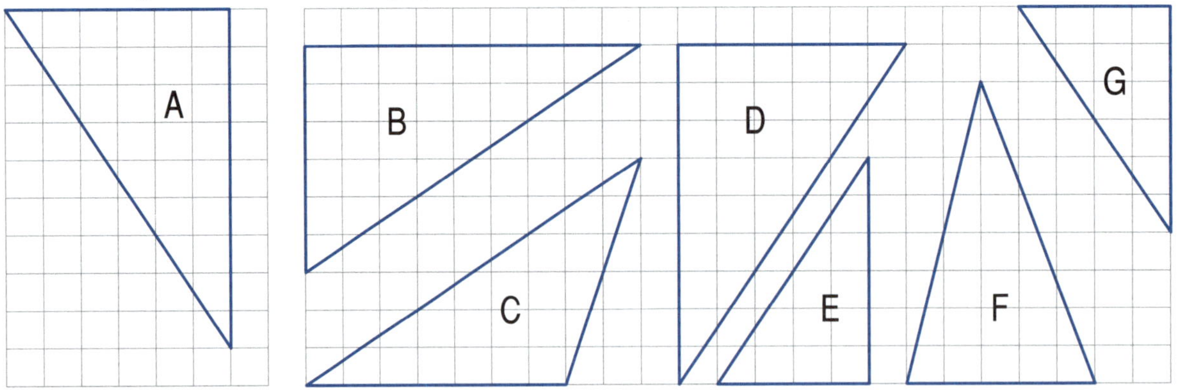

Deckungsgleich zu Figur A sind die Figuren ______________________________

2. Eine der Figuren ist nicht deckungsgleich zu der blauen Figur. Streiche sie durch.

a)

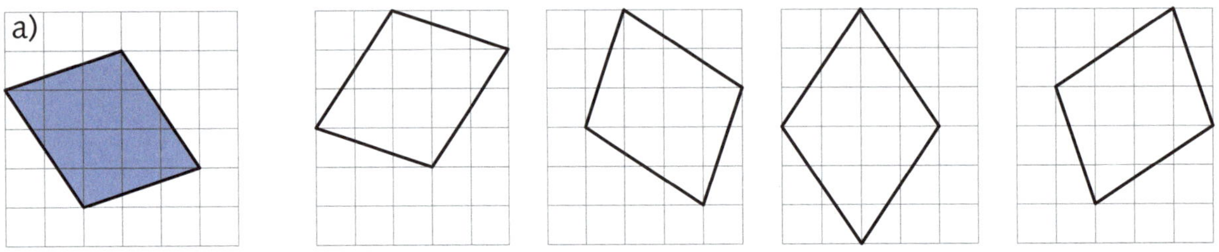

b)

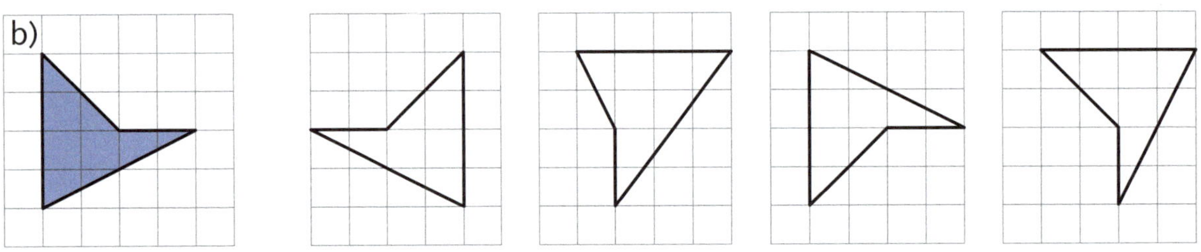

3. Zeichne zu der vorgegebenen Figur eine deckungsgleiche Figur.

a)

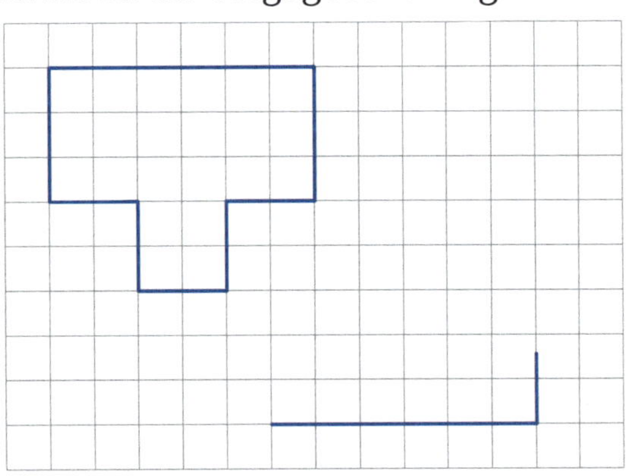

b)

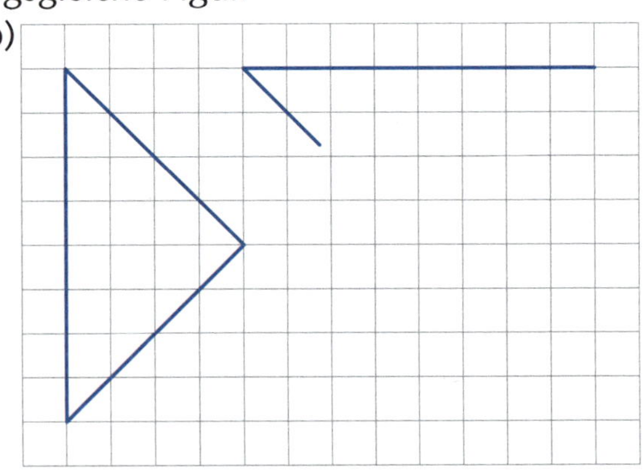

c)

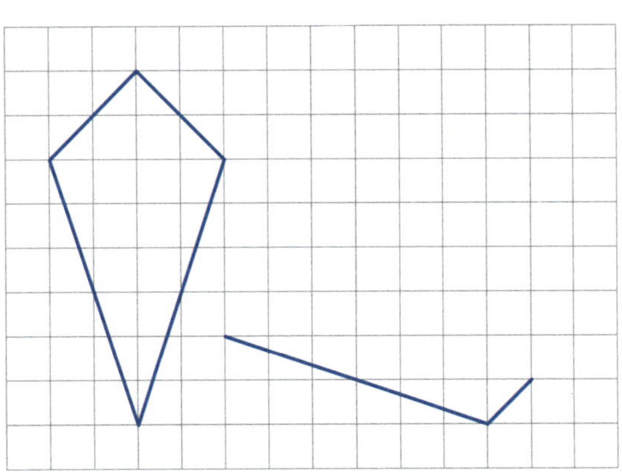

d)

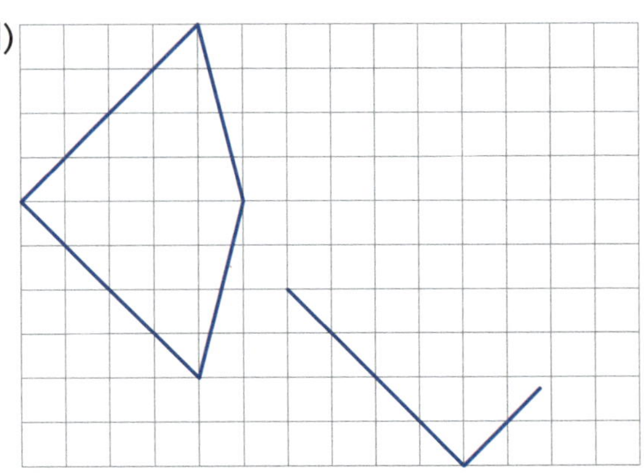

1. a) Lies die Gradzahl für den Winkel α und die Gradzahl für den Winkel β ab. Trage ein.

α = ________ ° β = ________ °

b) Wie groß ist die Summe der beiden Winkel α und β? $\alpha + \beta$ = ________

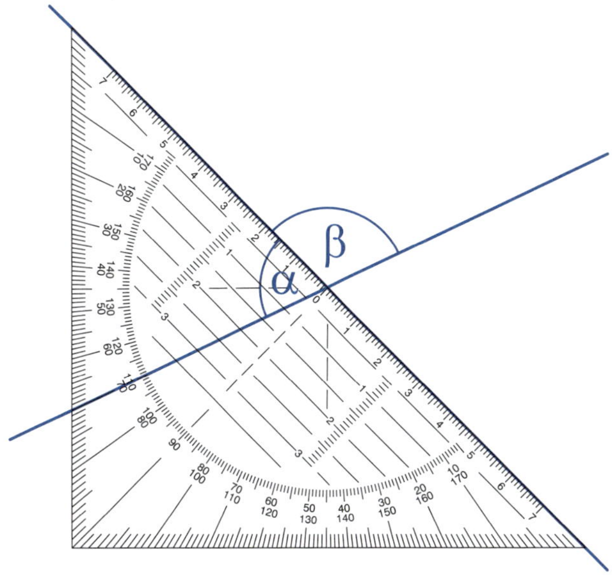

2. Bestimme den fehlenden Winkel.

a)

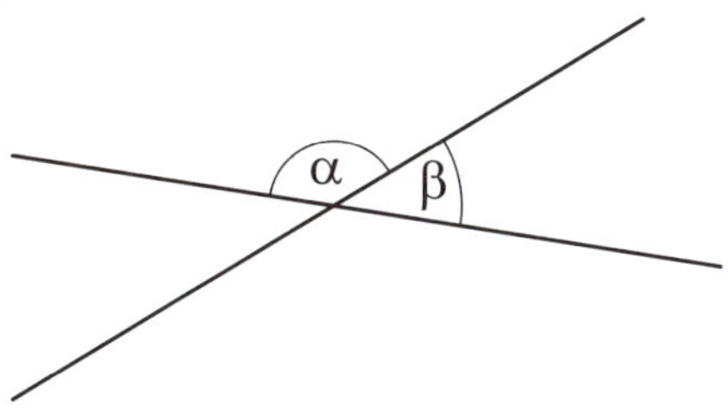

$\alpha = 140°$ β = ________

b)

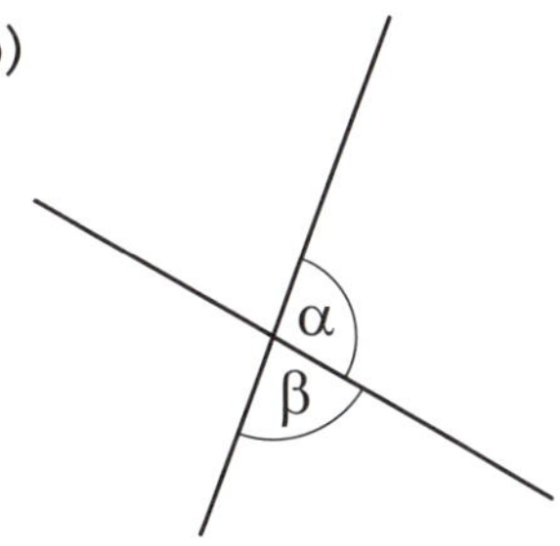

α = ________ $\beta = 80°$

c)

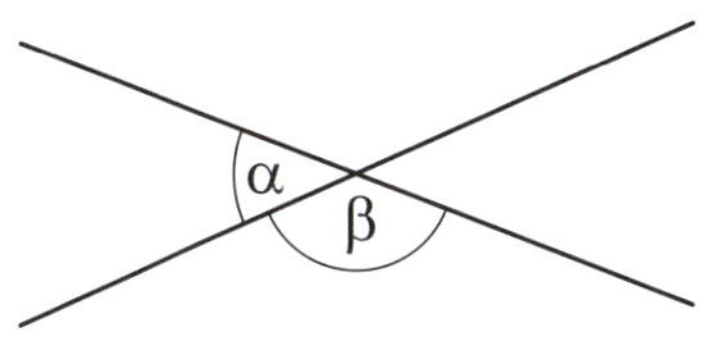

$\alpha = 45°$ β = ________

3. Färbe gleich große Winkel in der gleichen Farbe.

a)

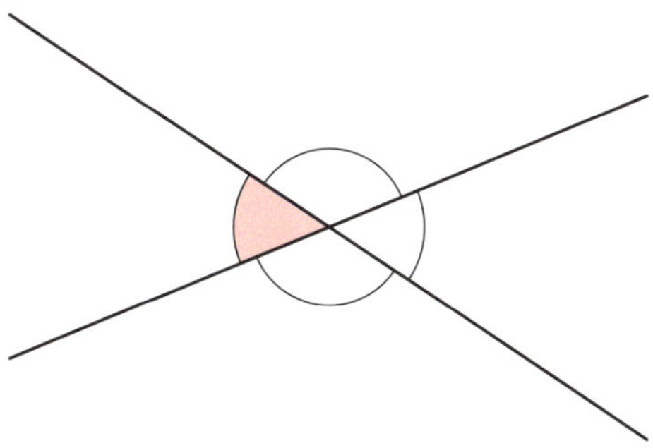

b)

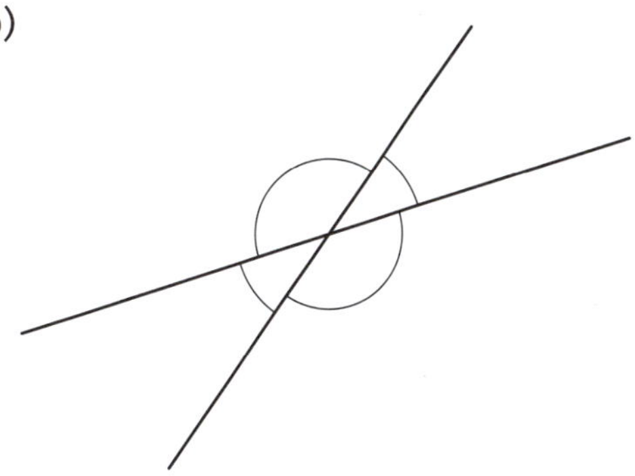

4. Färbe gleich große Winkel in der gleichen Farbe.

a)

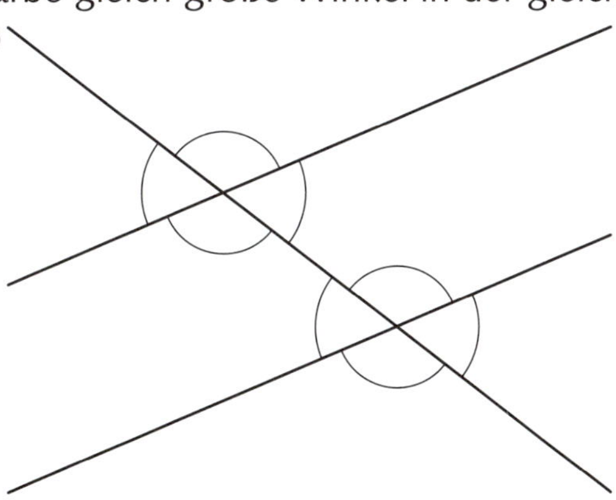

b)

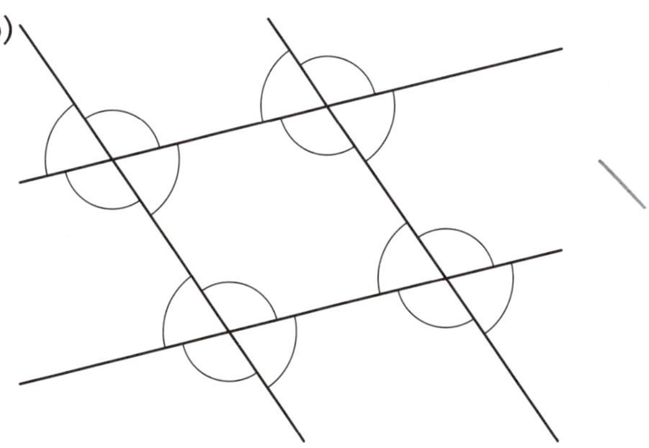

1. Ergänze die fehlenden Bezeichnungen.

a)

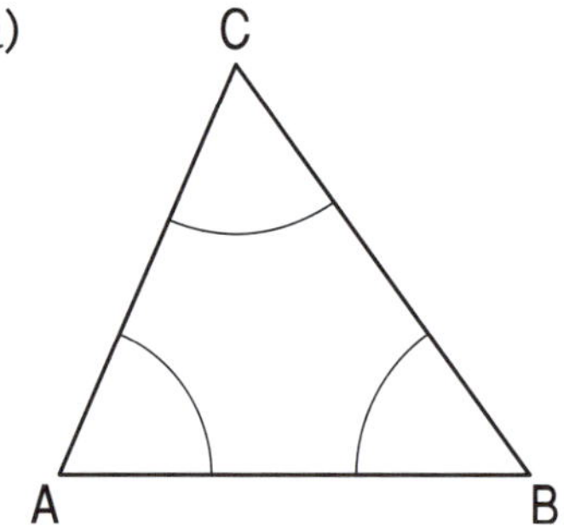

b)

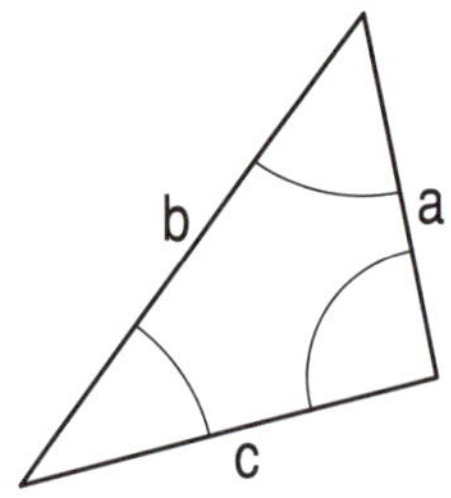

c)

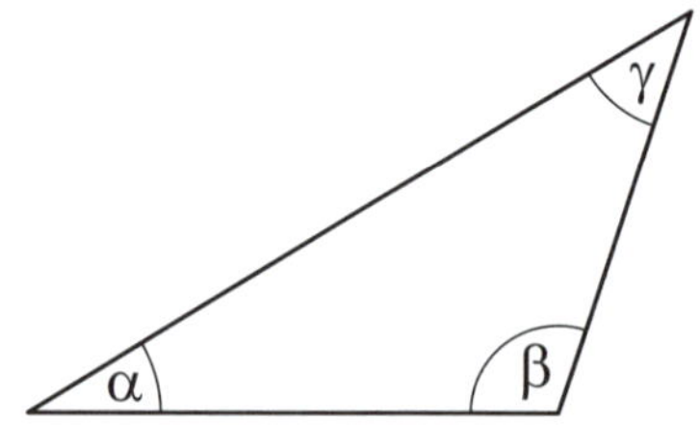

2. Färbe die gegebenen Werte in der Planfigur, dann zeichne das Dreieck.

Gegeben:
Seite c,
Winkel α,
Winkel β

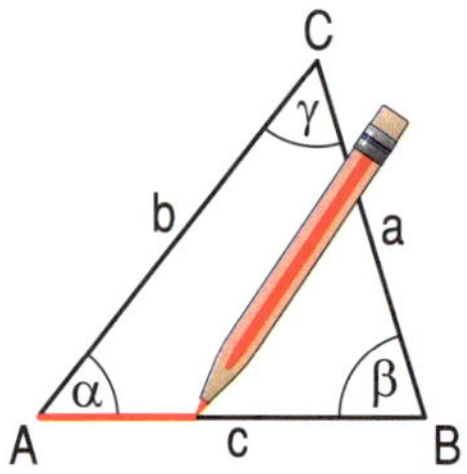

a) $c = 5$ cm, $\alpha = 60°$, $\beta = 50°$ b) $c = 4{,}5$ cm, $\alpha = 70°$, $\beta = 55°$

3. Zeichne die Planfigur. Färbe gegebene Werte. Dann zeichne das Dreieck.

Gegeben:
Seite a,
Winkel β,
Winkel γ

a) $a = 4{,}5$ cm, $\beta = 55°$, $\gamma = 55°$ b) $a = 4$ cm, $\beta = 35°$, $\gamma = 80°$

4. Zeichne die Planfigur. Färbe gegebene Werte. Dann zeichne das Dreieck.

Gegeben:
Seite b,
Winkel α,
Winkel γ

a) $b = 4{,}5$ cm, $\alpha = 45°$, $\gamma = 100°$ b) $b = 4$ cm, $\alpha = 55°$, $\gamma = 75°$

1. Färbe die gegebenen Werte in der Planfigur, dann zeichne das Dreieck.

Gegeben:
Seite b,
Seite c,
Winkel α

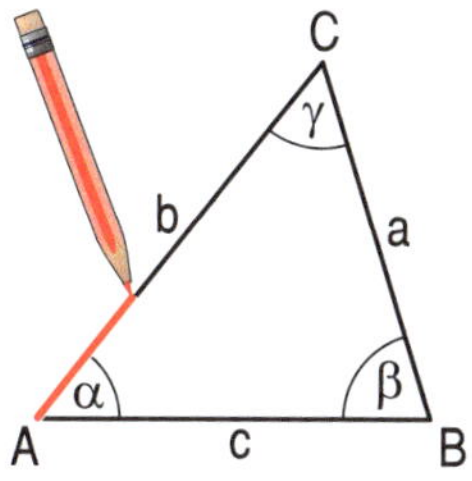

a) $b = 7$ cm, $c = 4$ cm, $\alpha = 50°$ b) $b = 6$ cm, $c = 5$ cm, $\alpha = 60°$

2. Zeichne die Planfigur. Färbe gegebene Werte. Dann zeichne das Dreieck.

Gegeben:
Seite a,
Seite c,
Winkel β

a) $a = 5{,}5$ cm, $c = 5$ cm, $\beta = 80°$ b) $a = 4{,}5$ cm, $c = 4$ cm, $\beta = 100°$

3. Zeichne die Planfigur. Färbe gegebene Werte. Dann zeichne das Dreieck.

Gegeben:
Seite a,
Seite b,
Winkel γ

a) $a = 6$ cm, $b = 4{,}5$ cm, $\gamma = 55°$ b) $a = 4$ cm, $b = 3{,}5$ cm, $\gamma = 110°$

1. Färbe die gegebenen Werte in der Planfigur, dann zeichne das Dreieck.

Gegeben:
Seite a,
Seite b,
Seite c

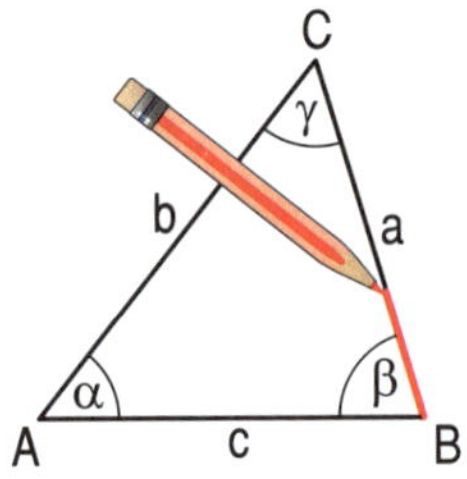

a) a = 5 cm, b = 6 cm, c = 4 cm b) a = 5,5 cm, b = 4 cm, c = 5 cm

2. Zeichne die Planfigur. Färbe gegebene Werte. Dann zeichne das Dreieck.

Gegeben:
Seite a,
Seite b,
Seite c

a) a = 5 cm, b = 7 cm, c = 3,5 cm b) a = 4 cm, b = 3,5 cm, c = 4 cm

3. a) Zeichne das Dreieck. Miss die Winkel α, β und γ.
b) Das Dreieck ist ein besonderes Dreieck. Trage ein, welcher Typ von Dreieck vorliegt.

(1) a = 5 cm, b = 5 cm, c = 5 cm (2) a = 4,1 cm, b = 6 cm, c = 6 cm

α = ______, β = ______, γ = ______ α = ______, β = ______, γ = ______

Das Dreieck ist ______________. Das Dreieck ist ______________.

1. Bestimme die Entfernung vom Baum bis zum Spielplatz mit einer Zeichnung. Färbe in der Planfigur die gegebenen Werte, dann zeichne das Dreieck. Für 100 m zeichne 1 cm.

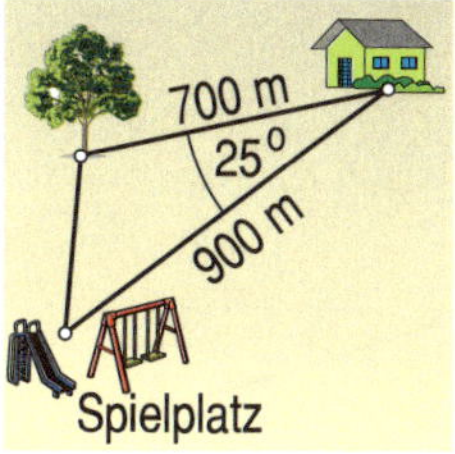

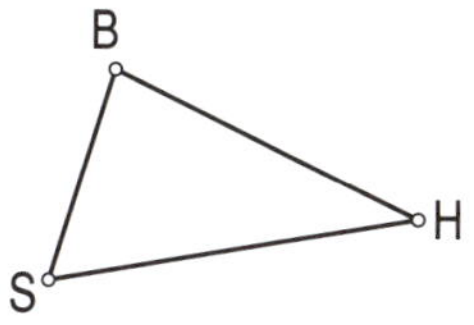

Entfernung vom Baum bis zum Spielplatz: ______________

2. Bestimme mit einer Zeichnung die Länge der Fährverbindungen von C nach A und nach B. Färbe zuerst in einer Planfigur gegebene Werte, dann zeichne das Dreieck. Für 1 km zeichne 1 cm.

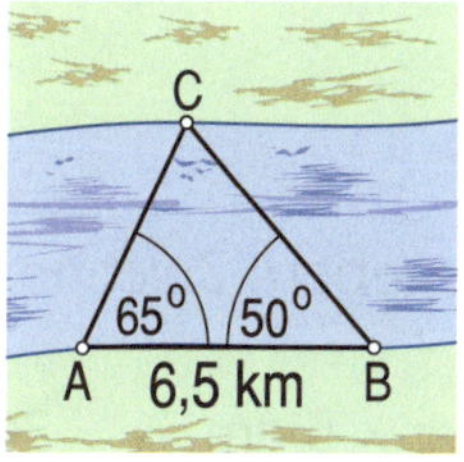

Fährverbindung von C nach A: ____________ Fährverbindung von C nach B: ____________

3. Bestimme mit einer Zeichnung die Winkel in dem Giebel des Hauses. Färbe zuerst in einer Planfigur gegebene Werte, dann zeichne das Dreieck. Für 1 m zeichne 1 cm.

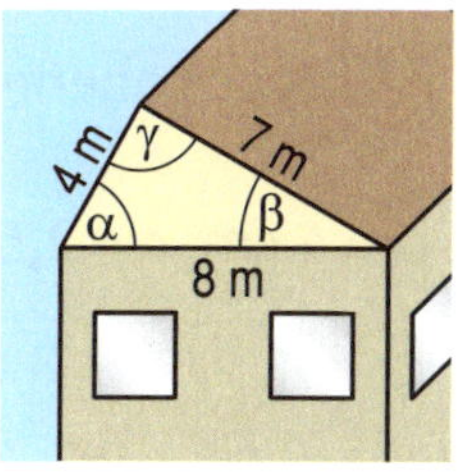

Winkel α = ________ Winkel β = ________ Winkel γ = ________

1. a) Wie groß sind die markierten Winkel?

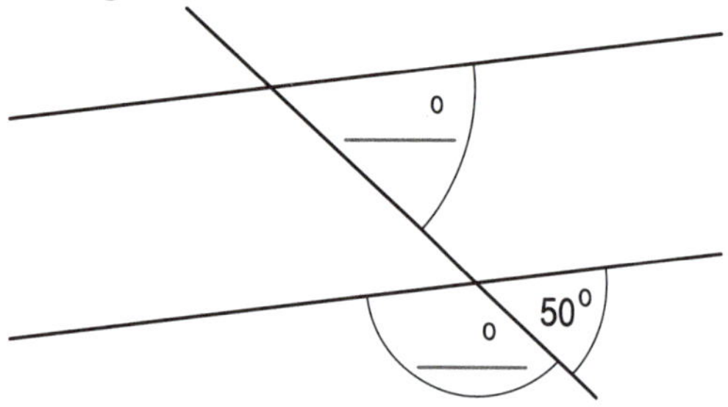

b) Färbe gleich große Winkel in der gleichen Farbe.

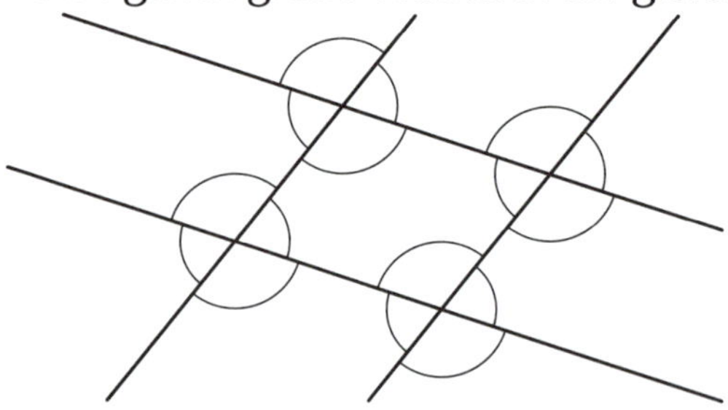

2. Von einem Dreieck sind eine Seite und die zwei anliegenden Winkel gegeben. Zeichne die Planfigur. Färbe gegebene Werte. Dann zeichne das Dreieck.

Gegeben: Seite c, Winkel α, Winkel β

a) c = 4 cm, α = 70°, β = 60° b) c = 3 cm, α = 40°, β = 110°

3. Von einem Dreieck sind zwei Seiten und der eingeschlossene Winkel gegeben. Zeichne die Planfigur. Färbe gegebene Werte. Dann zeichne das Dreieck.

Gegeben: Seite b, Seite c, Winkel α

a) b = 4,5 cm, c = 5 cm, α = 60° b) b = 4 cm, c = 5 cm, α = 80°

4. Von einem Dreieck sind die drei Seiten gegeben. Zeichne die Planfigur. Färbe gegebene Werte. Dann zeichne das Dreieck.

Gegeben: Seite a, Seite b, Seite c

a) a = 5,5 cm, b = 4 cm, c = 5,5 cm b) a = 6 cm, b = 4 cm, c = 2,5 cm

Prozentrechnung 4

1. Prozent bedeutet Hundertstel.
Gib den Anteil als Hundertstelbruch und in Prozent an.

a) 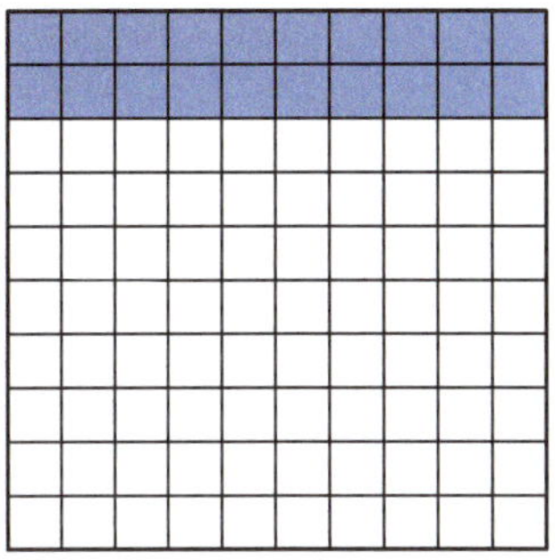

$\frac{\_\_\_}{100}$ = ______ %

b) 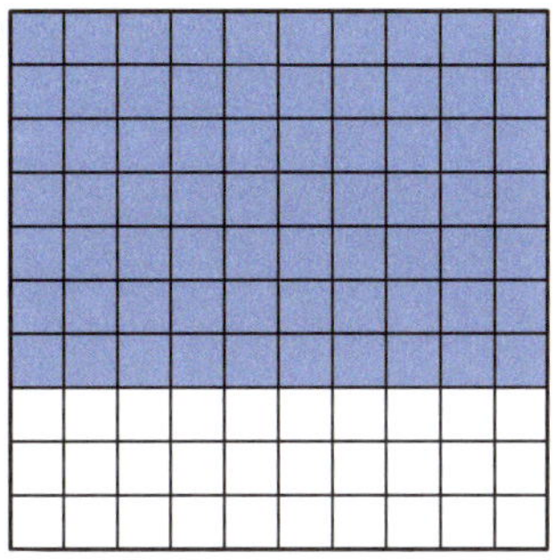

$\frac{\_\_\_}{100}$ = ______ %

c) 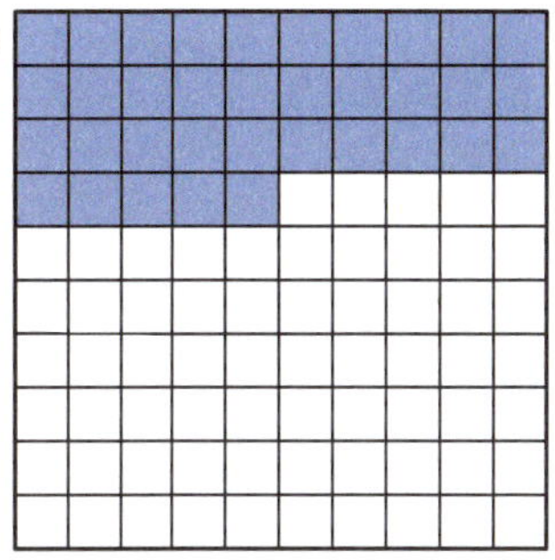

$\frac{\_\_\_}{100}$ = ______ %

2. Färbe im Hunderterfeld. Gib den Anteil in Prozent an.

a) 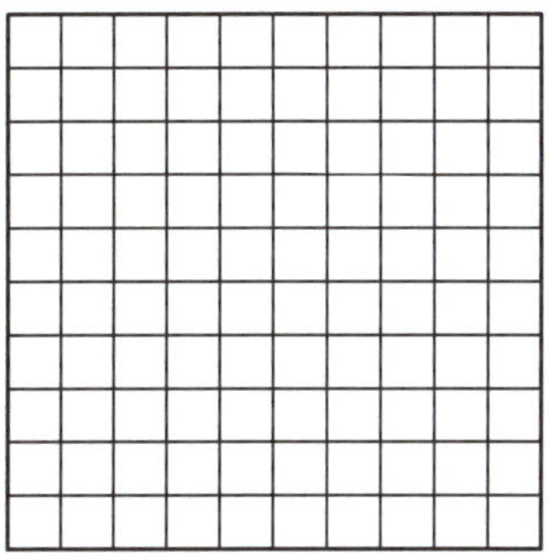

$\frac{40}{100}$ = ______ %

b) 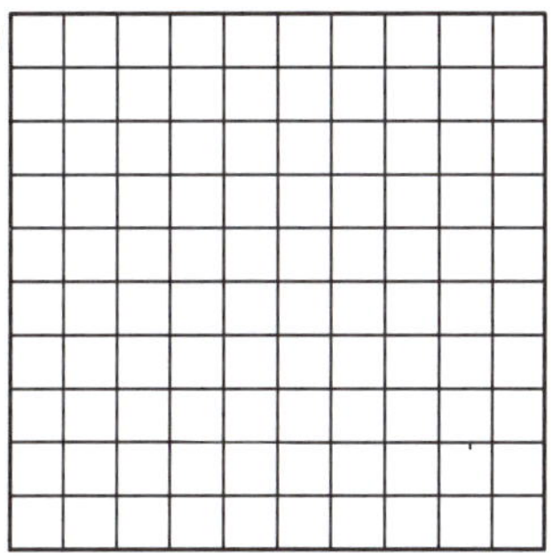

$\frac{25}{100}$ = ______ %

c) 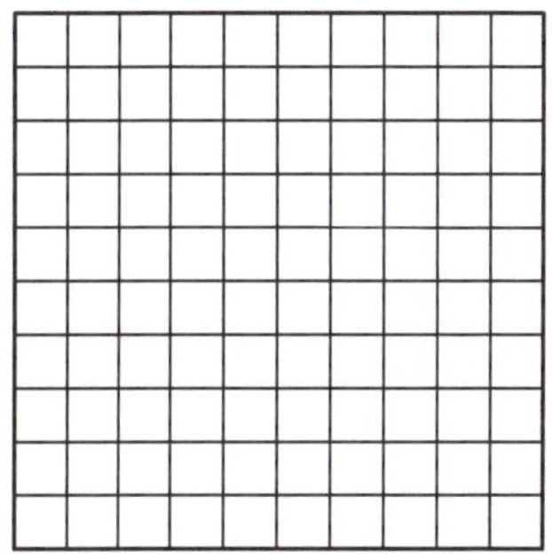

$\frac{52}{100}$ = ______ %

3. Färbe im Hunderterfeld. Gib den Anteil als Hundertstelbruch an.

a) 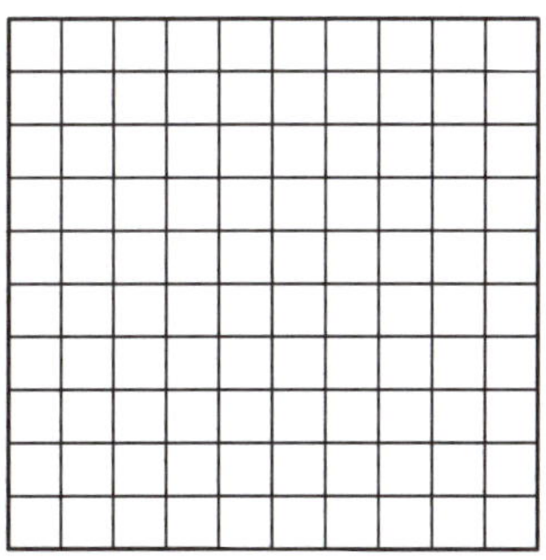

12 % = $\frac{\_\_\_}{100}$

b) 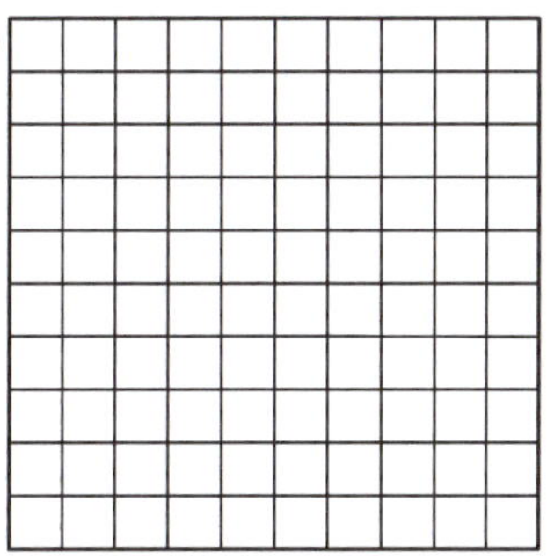

95 % = $\frac{\_\_\_}{100}$

c) 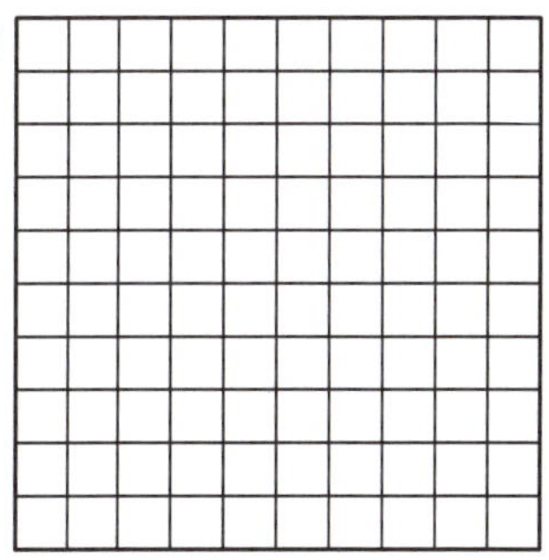

49 % = $\frac{\_\_\_}{100}$

4. Schreibe mit dem Prozentzeichen und als Hundertstelbruch.

a) 7 Prozent = ______ = $\frac{\_\_\_}{100}$ 10 Prozent = ______ = $\frac{\_\_\_}{100}$ 50 Prozent = ______ = $\frac{\_\_\_}{100}$

b) 1 Prozent = ______ = $\frac{\_\_\_}{100}$ 30 Prozent = ______ = $\frac{\_\_\_}{100}$ 99 Prozent = ______ = $\frac{\_\_\_}{100}$

1. Zu jedem Hunderterfeld gehören ein Prozentsatz, ein Hundertstelbruch und ein Dezimalbruch. Ergänze die fehlenden Werte. Färbe im Hunderterfeld.

a) $75\,\% = \frac{\_\_\_}{100} = 0{,}75$

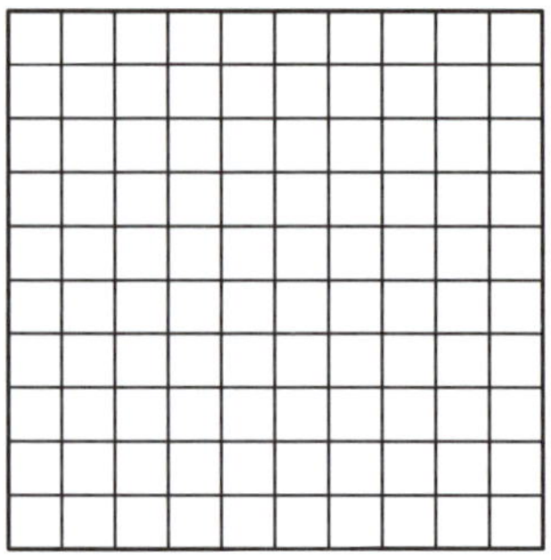

b) $\_\_\_\_\,\% = \frac{1}{100} = 0{,}01$

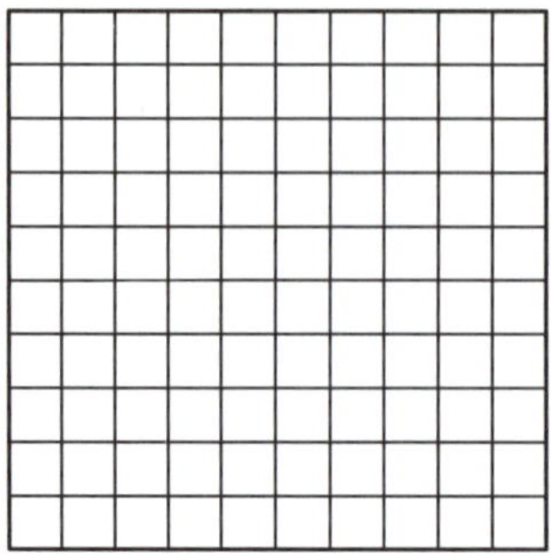

c) $25\,\% = \frac{25}{100} = \_\_\_\_$

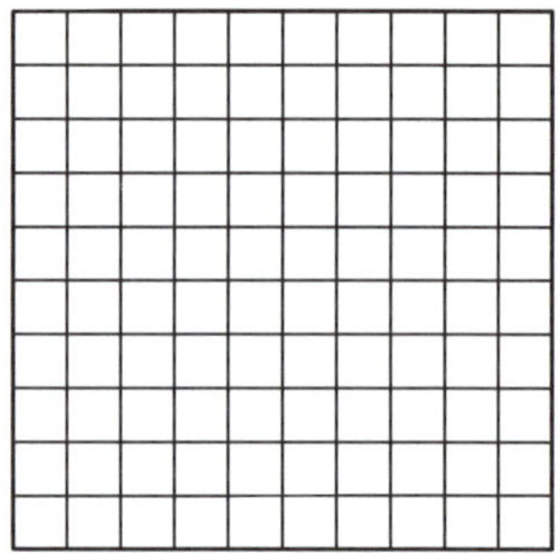

2. Immer drei Werte sind gleich. Kennzeichne sie mit der gleichen Farbe.

$\frac{15}{100}$	0,5	$\frac{5}{100}$	10 %	0,15	5 %
0,05	15 %	$\frac{10}{100}$	$\frac{50}{100}$	50 %	0,1

3. Wie viel Prozent der Figur sind eingefärbt? Ordne die Prozentsätze zu.

a)

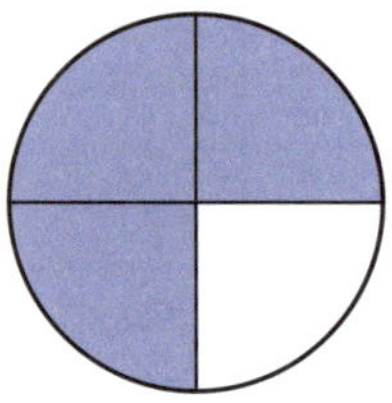

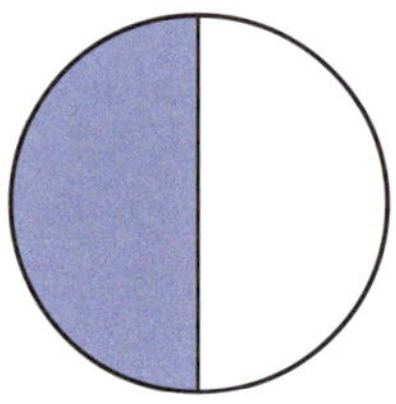
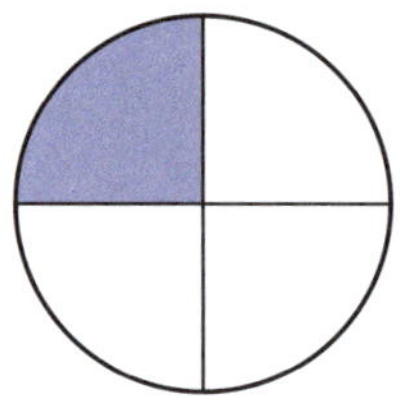

25 %
50 %
75 %
100 %

______ ______ ______ ______

b)

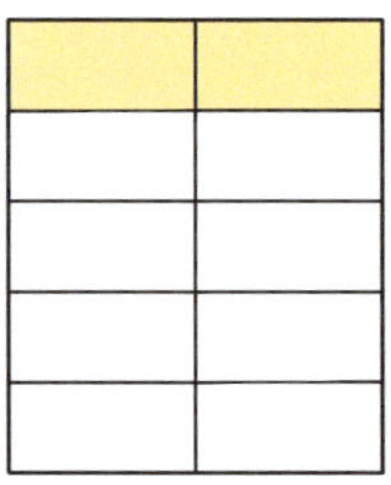
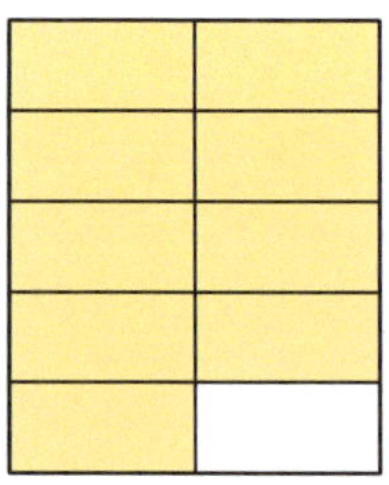
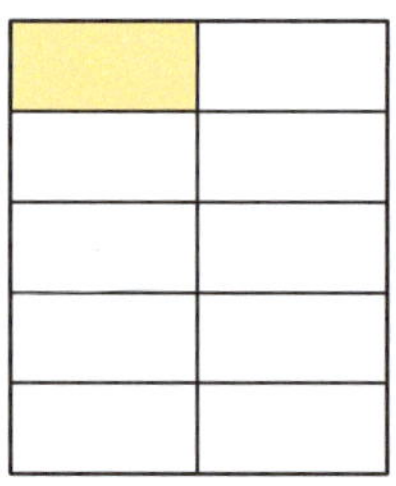
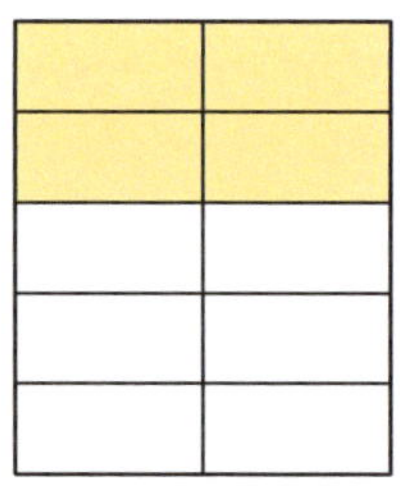

10 %
20 %
40 %
90 %

______ ______ ______ ______

4. Färbe den Bruchteil und gib den Prozentsatz an.

a) $\frac{1}{2} =$ ______ %

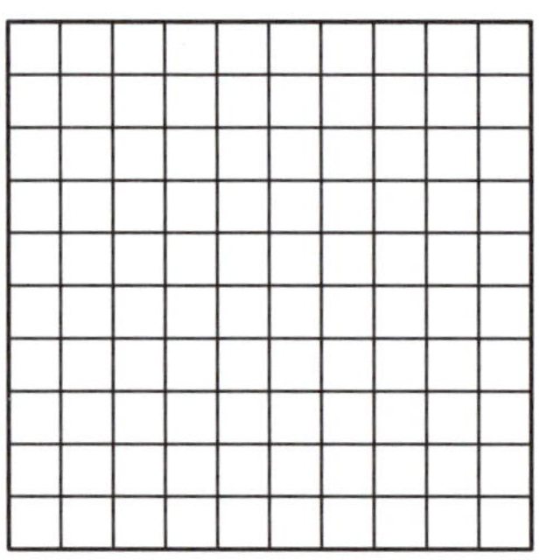

b) $\frac{1}{5} =$ ______ %

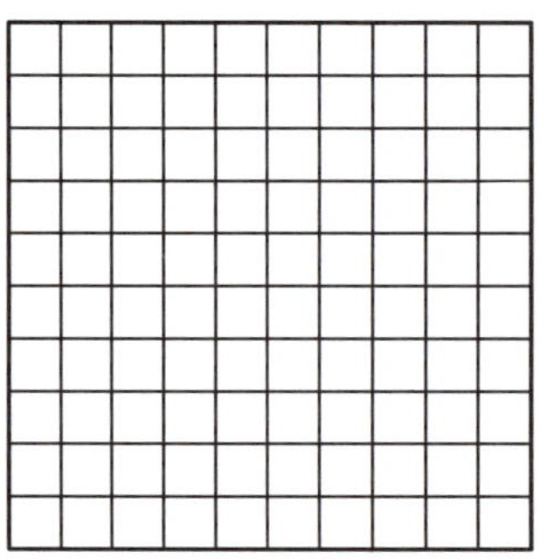

c) $\frac{3}{10} =$ ______ %

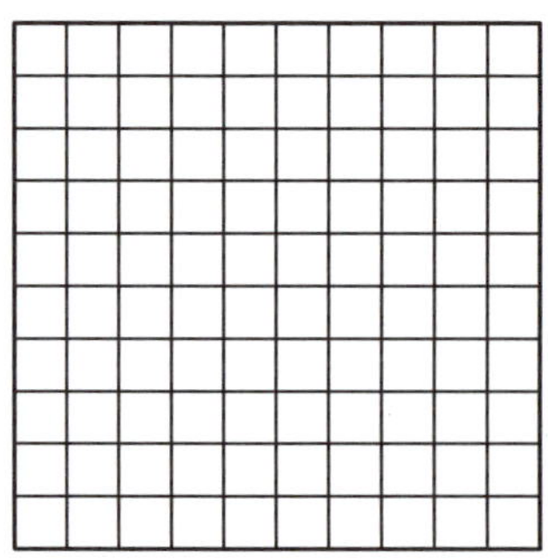

1. Welcher Bruchteil ist gefärbt? Färbe im Hunderterfeld denselben Bruchteil.

a) 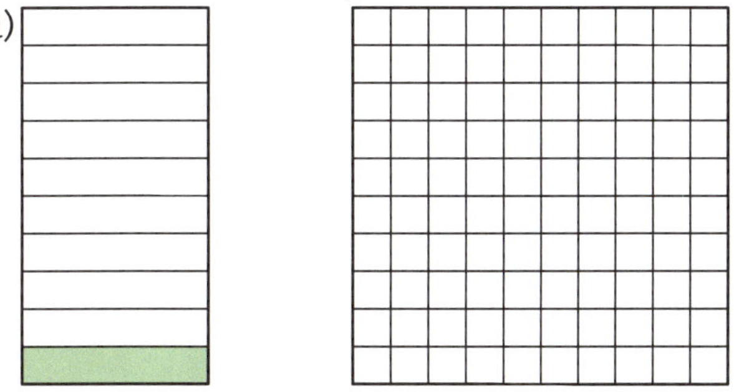

$\frac{1}{10} = \frac{\quad}{100} =$ ______ %

b) 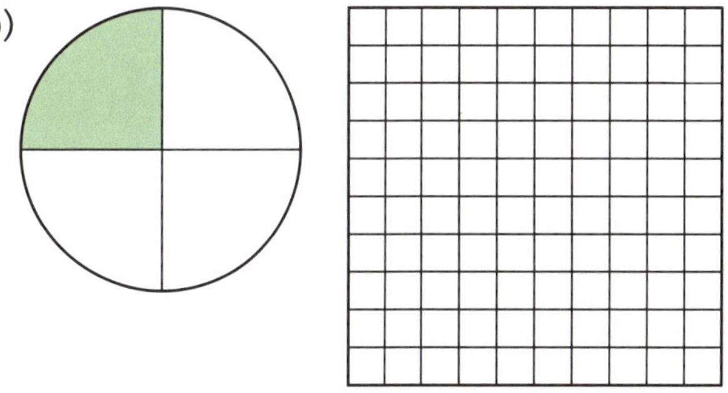

$\frac{\quad}{\quad} = \frac{\quad}{100} =$ ______ %

c) 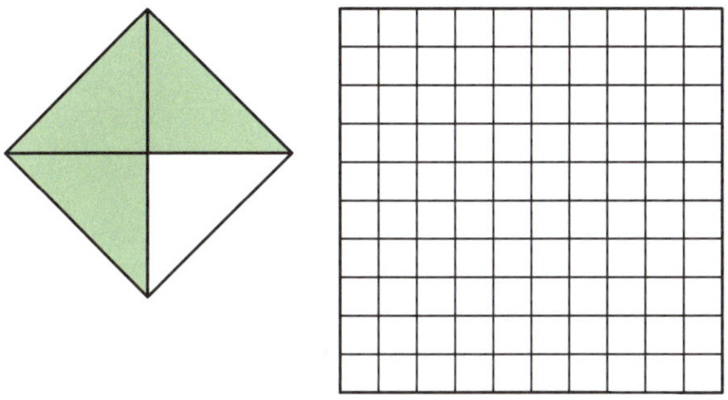

$\frac{\quad}{\quad} = \frac{\quad}{100} =$ ______ %

d) 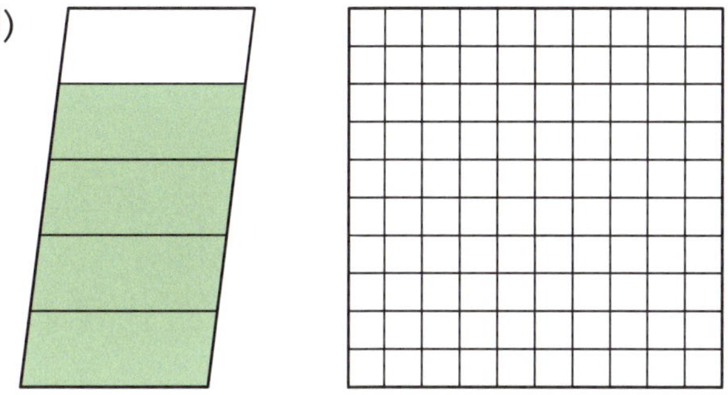

$\frac{\quad}{\quad} = \frac{\quad}{100} =$ ______ %

2. Schreibe zu jedem Prozentsatz den Hundertstelbruch. Kürze so weit wie möglich.

a) 5 % $= \frac{\quad}{100} = \frac{\quad}{\quad}$ b) 90 % $= \frac{\quad}{100} = \frac{\quad}{\quad}$ c) 2 % $= \frac{\quad}{100} = \frac{\quad}{\quad}$ d) 60 % $= \frac{\quad}{100} = \frac{\quad}{\quad}$

3. Vervollständige die Tabelle.

Bruch	$\frac{1}{2}$	$\frac{1}{5}$				$\frac{3}{4}$
Hundertstelbruch	$\frac{50}{100}$		$\frac{25}{100}$		$\frac{30}{100}$	
Prozentsatz	50 %			10 %		

4. Immer zwei Angaben gehören zum selben Anteil. Kennzeichne sie mit der gleichen Farbe.

$\frac{1}{100}$	$\frac{7}{10}$	$\frac{3}{5}$	$\frac{1}{2}$	$\frac{1}{20}$	$\frac{9}{10}$
70 %	50 %	5 %	90 %	1 %	60 %

5. Zu einigen Darstellungen wurde der falsche Prozentsatz notiert. Streiche die falschen Prozentsätze durch und berichtige.

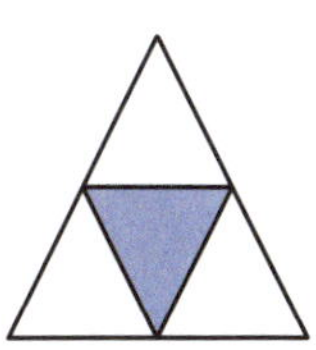

40 % ______

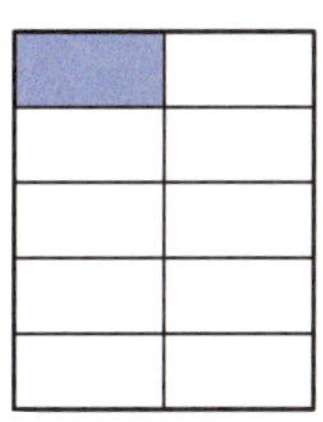

10 % ______

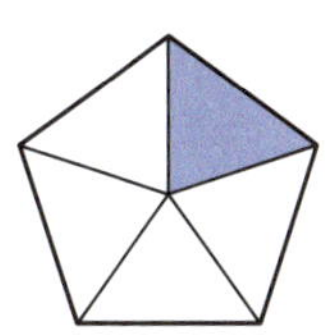

20 % ______

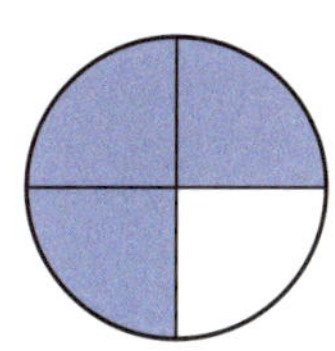

34 % ______

1. Trage die neuen Preise ein.

2. Eine Kinovorstellung wird von 80 Zuschauern besucht. Davon sind 25 % Jugendliche. Wie viele Jugendliche besuchen die Vorstellung?

$25\,\% = \frac{1}{4}$

$\frac{1}{4}$ von 80 = 80 : 4 = ______

A: ____________________

3. Berechne.

a) 25 % von 100 € = ______ € b) 25 % von 400 € = ______ € c) 25 % von 20 € = ______ €

4. a)

	von 40 €	von 800 €
50 %		
25 %		
10 %		

b)

	von 120 km	von 480 km
50 %		
25 %		
10 %		

5. Wie viel Euro muss Herr Romanov anzahlen?

A: ____________________

6. Vervollständige die Tabelle.

100 %	1 500 €	2 300 €	700 €	430 €		
10 %	150 €				10 €	
1 %		23 €				2,50 €

1. Wie viele Erwachsene waren im Freibad?

%	Besucher
100	200
1	
9	

(: 100, · 9)

A: ____________________

2. a) 5 % von 400 Besuchern

%	Besucher
100	400
1	
5	

_______ Besucher

b) 8 % von 900 Besuchern

%	Besucher
100	
1	
8	

_______ Besucher

c) 12 % von 200 Schülern

%	Schüler
100	200
1	
12	

_______ Schüler

d) 40 % von 300 Schülern

%	Schüler

_______ Schüler

3. a)

	von 700 m	von 3 000 m
1 %		
6 %		
9 %		

b)

	von 500 kg	von 2 000 kg
1 %		
12 %		
30 %		

4. Wie viel Gramm Zucker sind in 100 g der Waren enthalten?

Milchschokolade _______ g
Schokoladeneis _______ g
Weiße Schokolade _______ g
Schokokuss _______ g
Trinkschokolade _______ g
Instant-Kakao _______ g

Zuckergehalt	
Milchschokolade	50 %
Schokoladeneis	14 %
Weiße Schokolade	55 %
Schokokuss	65 %
Trinkschokolade	10 %
Instant-Kakao	78 %

5. Ein Schoko-Riegel wiegt 120 g.
Der Kakao-Anteil beträgt 30 %.
Wie viel Gramm Kakao enthält der Schoko-Riegel?

%	g
100	120
10	12

A: ____________________

1. Vervollständige die Tabelle.

a) 19 % von 4 500 Autos

%	Autos
100	

______ Autos

b) 61 % von 400 Mofas

%	Mofas
100	

______ Mofas

2. Löse mit einer Tabelle.

a) 33 % von 1 200 Fahrrädern

b) 27 % von 500 Bussen

______ Fahrräder

______ Busse

3. Im Kopf oder schriftlich?

a) 45 % von 240 m = ______ m

b) 30 % von 20 000 ℓ = ______ ℓ

c) 10 % von 360 kg = ______ kg

d) 14 % von 290 kg = ______ kg

e) 25 % von 8 000 ℓ = ______ ℓ

f) 99 % von 1 000 m = ______ m

g) 5 % von 1 000 m = ______ m

h) 20 % von 500 kg = ______ kg

4. Vervollständige die Tabelle.

100 %	400 t	1 500 t	2 000 t			
1 %	4 t			9 t		50 t
6 %		90 t			18 t	

1. Wie viele Stehplätze sind im Stadion?

A: ______

2. Von 400 Sitzplätzen in der Sporthalle sind 85 % besetzt.
Wie viele Sitzplätze sind besetzt?

A: ______

3. Von 28 000 Eintrittskarten werden 25 % zu einem ermäßigten Preis angeboten.
Wie viele Karten werden zum Vorzugspreis angeboten?

A: ______

4. Bei 13 % von 4 600 kontrollierten Autos werden Mängel bei der Beleuchtung festgestellt.
Wie viele Autos haben eine fehlerhafte Lichtanlage?

A: ______

5. Die Waldschule hat 300 Schülerinnen und Schüler.
61 % der Kinder kommen mit dem Bus zur Schule. 24 % der Kinder fahren mit dem Fahrrad. 9 % der Kinder gehen zu Fuß zur Schule. Die übrigen Kinder werden mit dem Auto gebracht.

a) Wie viel Prozent der Kinder werden mit dem Auto zur Schule gebracht?

A: ______

b) Berechne die jeweilige Zahl der Schülerinnen und Schüler, die so zur Schule kommen:

mit dem Bus

mit dem Fahrrad

zu Fuß

mit dem Auto

1. Wie viel Euro kostet das Schlagzeug jetzt? Berechne zuerst den Preisnachlass.

%	€
100	290
1	
30	

Alter Preis: ______ €

Nachlass: ______ €

Neuer Preis: ______ €

A: ______

2. Alle Preise werden um 10 % gesenkt. Vervollständige die Tabelle.

Alter Preis	600 €	350 €	1 000 €	280 €		
Nachlass					20 €	400 €
Neuer Preis					180 €	3 600 €

3. Wie viel Euro kostet die Gitarre ab Montag? Berechne zuerst die Preiserhöhung.

%	€

Alter Preis: ______ €

Erhöhung: ______ €

Neuer Preis: ______ €

A: ______

4. Eine Trompete kostet bisher 390 €.
Der Preis wird um 5 % erhöht.
Wie hoch ist der neue Preis?

%	€

A: ______

5. Alle Preise werden um 3 % erhöht. Vervollständige die Tabelle.

Alter Preis	300 €	2 000 €	800 €	500 €	20 €	
Erhöhung						12 €
Neuer Preis						412 €

1. Wie viel Euro beträgt der Nettolohn? Berechne zuerst die Abzüge vom Lohn.

%	€
100	2 000 €
1	
37	

Bruttolohn: ______ €

Abzüge: ______ €

Nettolohn: ______ €

A: ______

2. Berechne zuerst die Abzüge vom Lohn und dann den Nettolohn.

a)

%	€

b)

%	€

Abzüge: ______

Nettolohn: ______

Abzüge: ______

Nettolohn: ______

3. Herr Schonebeck verdient im Monat 2 800 € brutto.
Er bekommt 60 % dieses Bruttolohnes ausgezahlt.
Wie viel Euro beträgt der Nettolohn?

A: ______

4. Eine Warenlieferung hat ein Bruttogewicht von 200 kg.
Die Verpackung wiegt 5 % dieses Gesamtgewichts.

a) Wie viel Kilogramm wiegt die Verpackung?

A: ______

b) Wie viel Kilogramm beträgt das Nettogewicht?

A: ______

1. Welcher Bruchteil ist gefärbt? Färbe im Hunderterfeld denselben Bruchteil.

a)

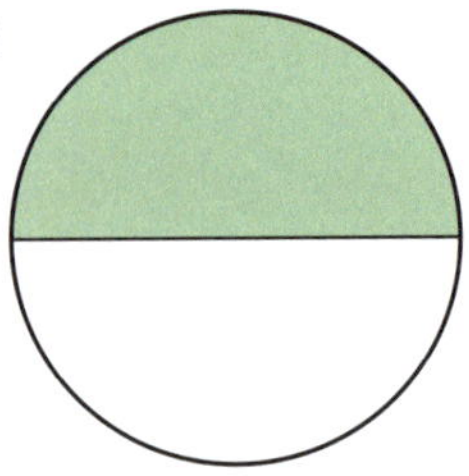

$\frac{}{} = \frac{}{100} = $ ___ %

b)

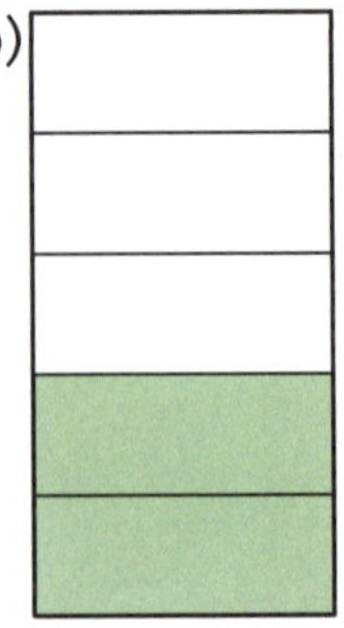

$\frac{}{} = \frac{}{100} = $ ___ %

2. Schreibe zu jedem Prozentsatz den Hundertstelbruch. Kürze so weit wie möglich.

a) $50\,\% = \frac{}{100} = \frac{}{}$ b) $10\,\% = \frac{}{100} = \frac{}{}$ c) $20\,\% = \frac{}{100} = \frac{}{}$ d) $25\,\% = \frac{}{100} = \frac{}{}$

3. Wie viel Euro sind es jeweils?

a) 1 % von 300 € = ______ € b) 1 % von 1 400 € = ______ € c) 1 % von 750 € = ______ €

4. a)

6 % von 500 kg	
%	kg
100	500
1	
6	

b)

9 % von 400 kg	
%	kg

c)

4 % von 2 000 kg	
%	kg

5. a)

	von 400 m	von 360 m
10 %		
25 %		
50 %		

b)

	von 600 €	von 4 000 €
2 %		
3 %		
5 %		

6. Im Vorverkauf werden 80 % der 15 000 Eintrittskarten angeboten.
Wie viele Karten werden im Vorverkauf angeboten?

A: ______________________________

7. Vervollständige die Tabelle.

a)

Alter Preis	500 €	300 €	10 000 €
Erhöhung um 4 %			
Neuer Preis			

b)

Alter Preis	200 €	140 €	80 €
Nachlass um 50 %			
Neuer Preis			

5 Rationale Zahlen

1. In welchem Stockwerk steigen die Personen aus?

Frau Arp fährt von 4 drei Stockwerke abwärts. ______

Herr Neu fährt von –3 drei Stockwerke aufwärts. ______

Fatime fährt von 2 vier Stockwerke abwärts. ______

Lukas fährt von –2 fünf Stockwerke aufwärts. ______

Herr Gül fährt von –1 zwei Stockwerke abwärts. ______

Tonio fährt von –3 zuerst drei Stockwerke aufwärts und von dort zwei Stockwerke abwärts. ______

2. Plus-Zeichen bedeuten Fahrstuhlfahrten nach oben, Minus-Zeichen Fahrten nach unten. Ergänze die fehlenden Angaben für die Fahrstuhlfahrten.

Einstieg	4	0	– 2			– 4	2
Fahrt	– 5	+ 4	+ 5	– 3	+ 4		
Ausstieg	– 1			– 2	2	0	– 2

3. Unter oder über der Wasseroberfläche? Trage ein, in welcher Höhe die Gegenstände liegen.

Brille	– 40 m
Messer	
Teller	
Tasse	
Schlüssel	
Ring	
Kiste	
Flasche	
Münze	

1. Die Wetterkarte zeigt Temperaturen in Deutschland an einem Tag im Januar. Trage für die vier Städte die Temperaturen aus der Karte ein. Dann zeichne zu jeder Temperatur die Säule in das Thermometer ein.

Berlin

_____ °C

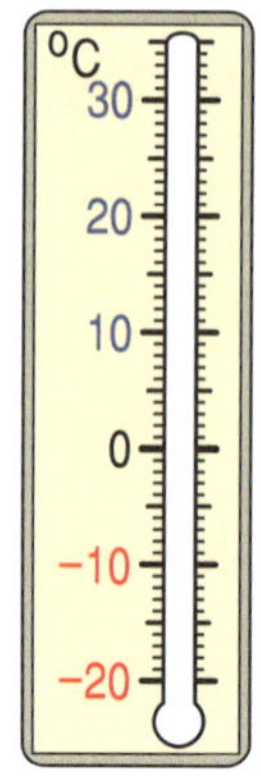

Dresden

_____ °C

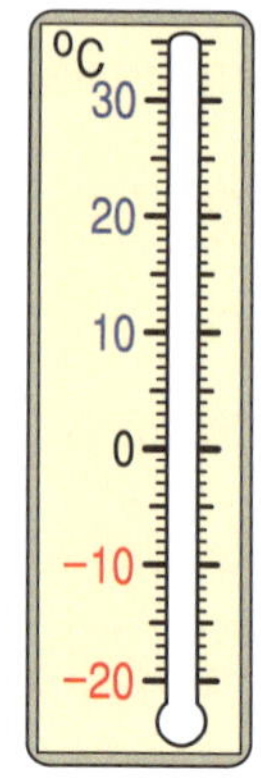

Köln

_____ °C

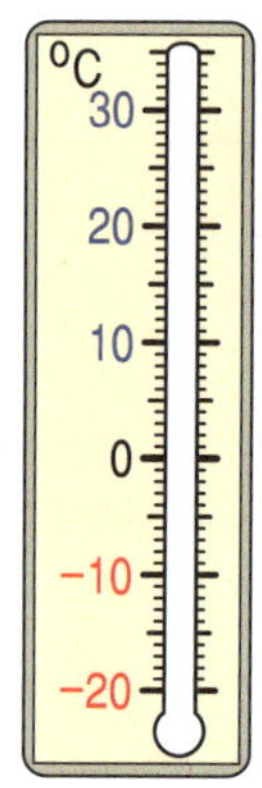

München

_____ °C

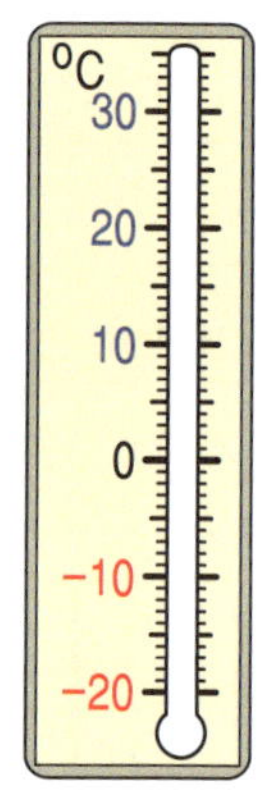

2. Lies die Temperaturen ab und zeichne dazu die Temperatursäulen ein.

Lüneburg

_____ °C

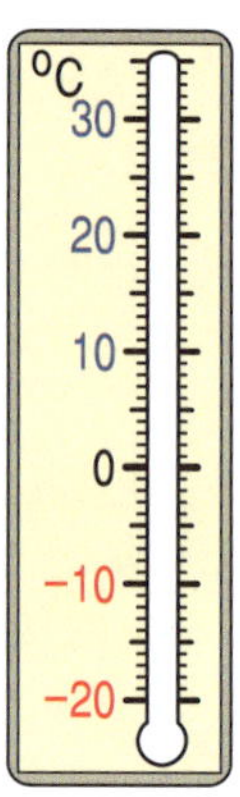

Rostock

_____ °C

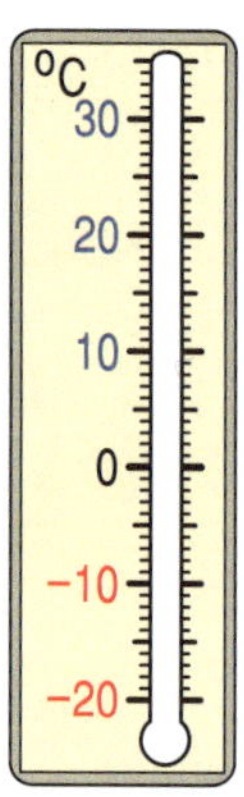

Nürnberg

_____ °C

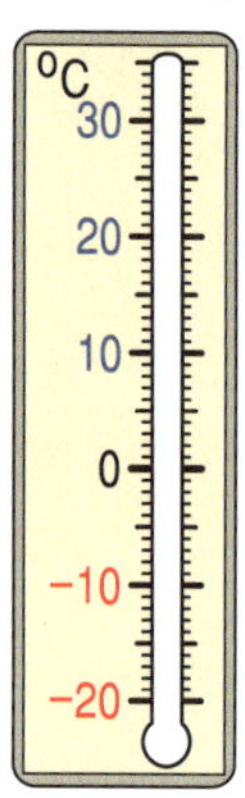

Konstanz

_____ °C

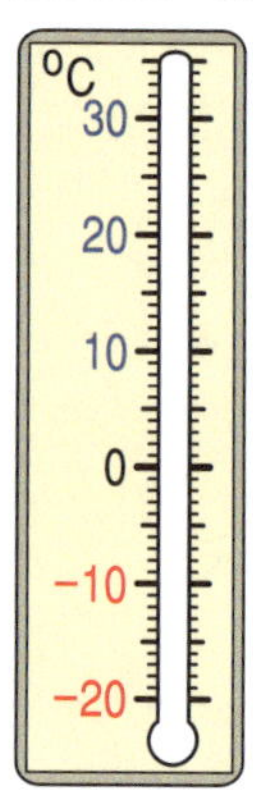

Brocken

_____ °C

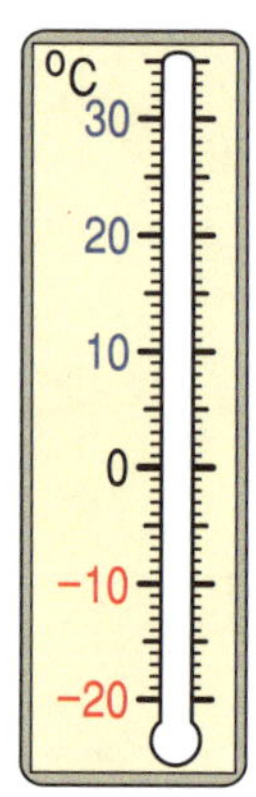

Zugspitze

_____ °C

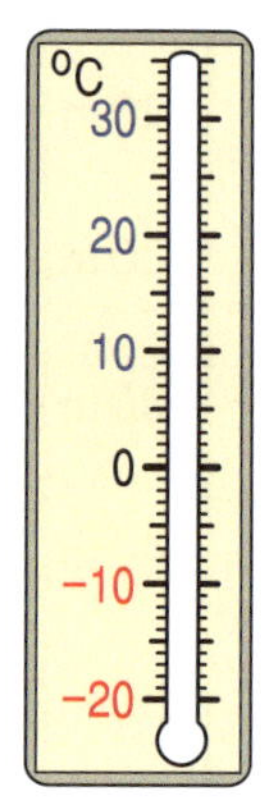

3. In welchen Städten auf der Wetterkarte war es wärmer als in Lüneburg?

A: ____

1. Ordne die Temperaturen. Beginne mit der höchsten Temperatur. Schreibe die Stadt dazu.

Erfurt – 8 °C	Freiburg 6 °C	Passau – 10 °C	Frankfurt 0 °C

_____ °C > _____ > _____ > _____

2. Vergleiche die Temperaturen. Setze ein: <, > oder =.

a) 7 °C ☐ –12 °C   b) 0 °C ☐ –2 °C   c) 6 °C ☐ –12 °C   d) –7 °C ☐ –17 °C

2 °C ☐ 12 °C   –4 °C ☐ –4 °C   9 °C ☐ –9 °C   5 °C ☐ –6 °C

3. Lies die Temperaturen für die beiden Uhrzeiten ab und bestimme den Unterschied.

Brocken
6 Uhr 12 Uhr

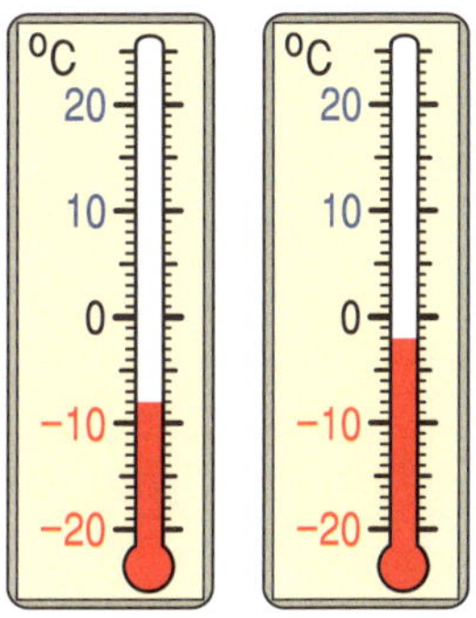

_____ °C _____ °C
Unterschied: ___ °C

Zugspitze
6 Uhr 12 Uhr

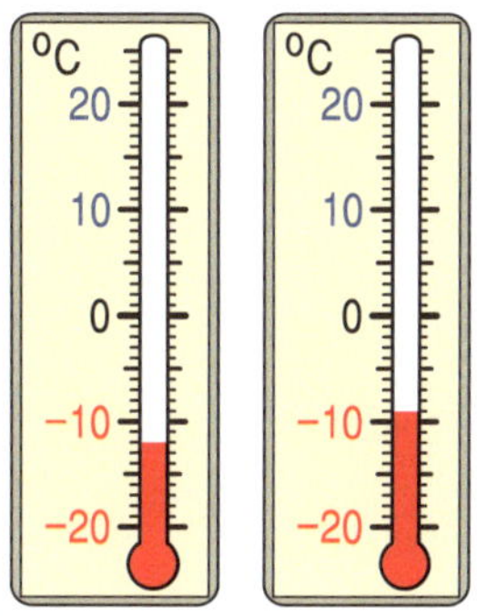

_____ °C _____ °C
Unterschied: ___ °C

Kahler Asten
6 Uhr 12 Uhr

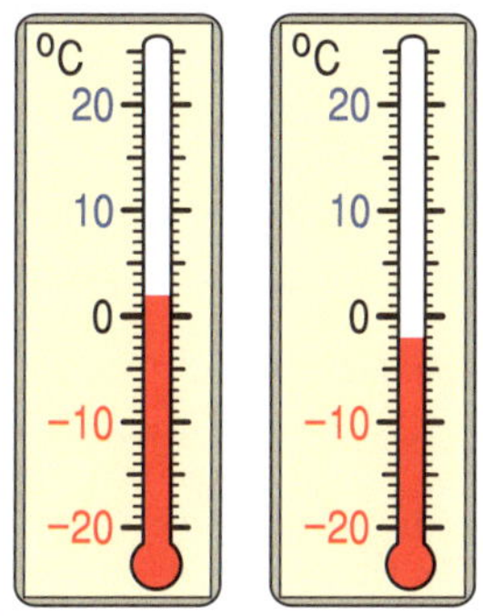

_____ °C _____ °C
Unterschied: ___ °C

Großer Arber
6 Uhr 12 Uhr

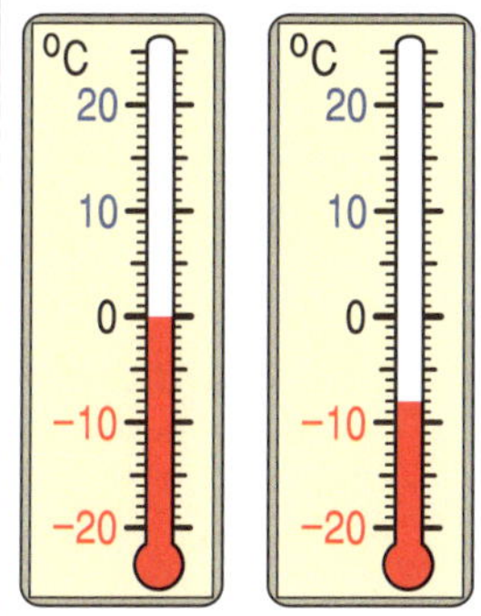

_____ °C _____ °C
Unterschied: ___ °C

4. Vervollständige die Tabelle.

Niedrigste Temperatur	4 °C	– 4 °C	– 5 °C	– 5 °C	– 9 °C	– 1 °C	8 °C	– 8 °C
Höchste Temperatur	9 °C	0 °C	– 2 °C	3 °C	1 °C	9 °C	9 °C	1 °C
Unterschied	°C	°C	°C	°C	°C	°C	°C	°C

5. Die Temperatur steigt oder fällt. Zeichne. Bestimme die neue Temperatur. Die Temperatur …

a) … steigt um 3 °C

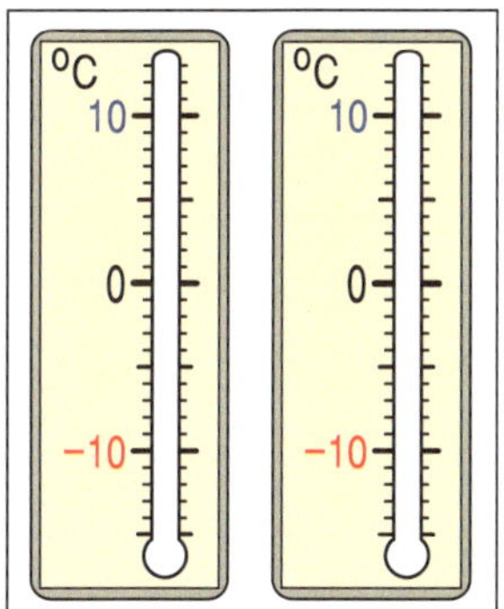

– 5 °C _____ °C

b) … fällt um 5 °C

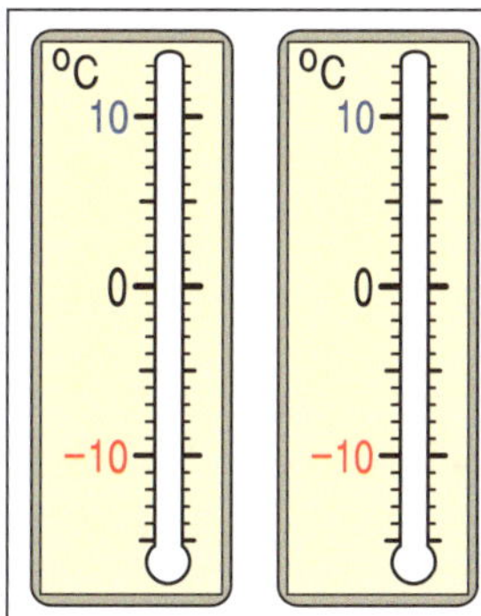

– 2 °C _____ °C

c) … fällt um 4 °C

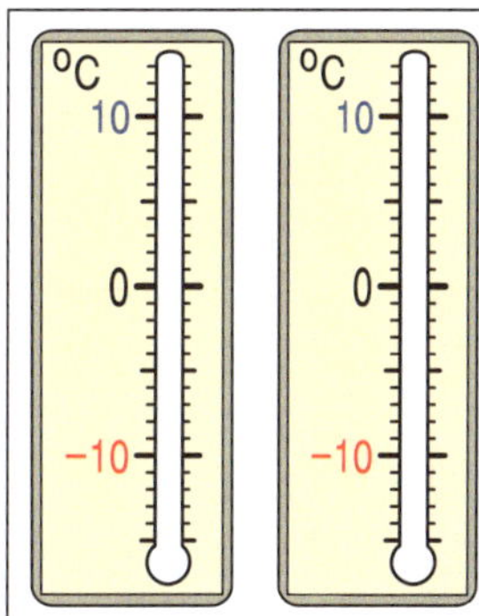

1 °C _____ °C

d) … steigt um 6 °C

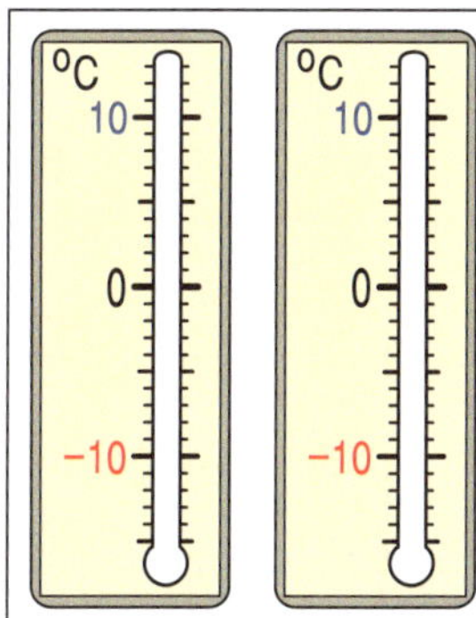

– 2 °C _____ °C

Die Zahlen < 0 heißen negative Zahlen. Negative Zahlen haben das Vorzeichen –.
Die Zahlen > 0 heißen positive Zahlen. Positive Zahlen haben kein Vorzeichen.

1. Ergänze die fehlenden Zahlen.

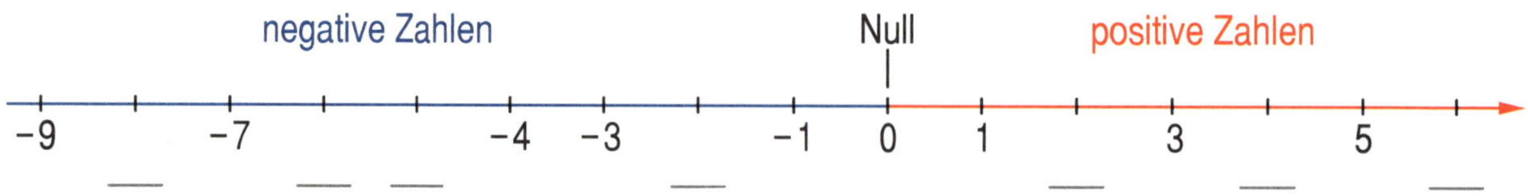

2. Wie heißen die Zahlen?

a)
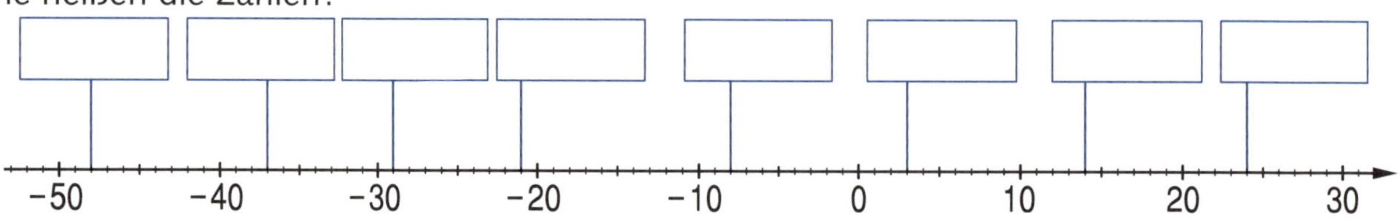

b)
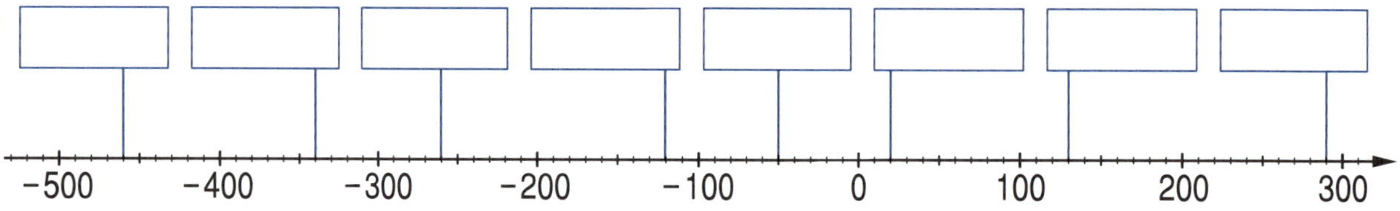

3. Wie heißt die Zahl in der Mitte?

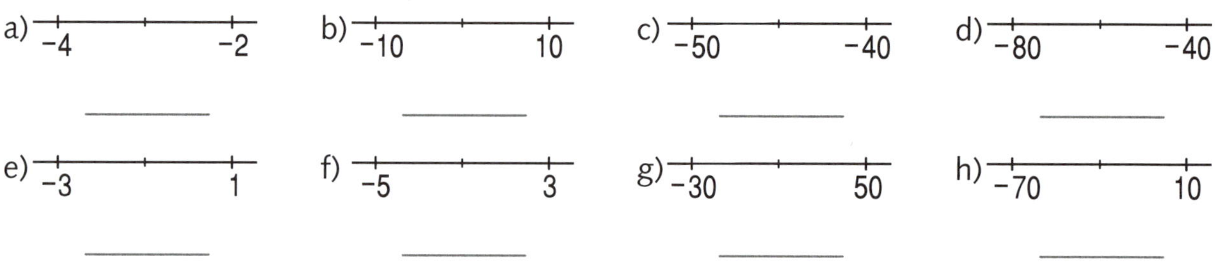

4. Ordne die Zahlen zu.

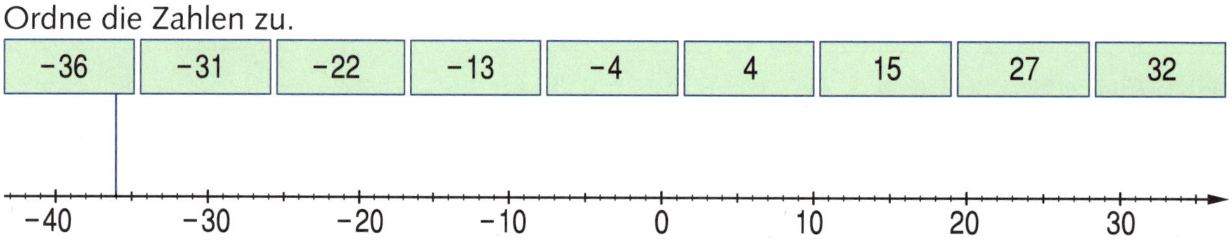

5. Setze die Zahlenreihen fort.

a)

– 10	– 8								

b)

– 50	– 40								

c)

	– 25	– 20							

d)

					0	40			

e)

			– 12	0					

An der Zahlengeraden kannst du Zahlen vergleichen. Die kleinere Zahl liegt links, die größere Zahl liegt rechts.

1. Kleiner, größer oder gleich? Setze ein: <, > oder =.

a)	b)	c)	d)
− 40 ☐ − 10	− 30 ☐ 0	− 30 ☐ 20	25 ☐ − 15
− 40 ☐ − 50	20 ☐ − 20	40 ☐ − 10	0 ☐ − 35

2. Kleiner, größer oder gleich? Setze ein: <, > oder =.

a)	b)	c)	d)
− 50 ☐ − 30	0 ☐ − 20	− 15 ☐ 15	14 ☐ − 14
20 ☐ − 10	0 ☐ 20	− 25 ☐ − 25	− 27 ☐ 27
10 ☐ − 20	30 ☐ 0	35 ☐ 15	38 ☐ − 12
− 40 ☐ − 40	− 30 ☐ 0	− 35 ☐ − 15	− 11 ☐ − 34

3. Ordne die Zahlen. Beginne mit der kleinsten Zahl. Du erhältst ein Lösungswort.

a) − 20 U; 30 T; − 30 G

______

______

b) − 9 O; 7 L; 0 L; − 22 T

______

______

c) − 9 P; − 19 S; 12 E; 28 R; − 17 U

______

______

4. Ergänze eine passende Zahl. Es gibt mehrere Möglichkeiten.

a)

− 9	>	____
____	<	− 12
0	>	____
____	<	− 4

b)

− 22	<	____
____	>	− 24
1	<	____
____	>	− 7

c)

− 33	<	____
____	>	18
− 15	<	____
____	>	− 27

5. Ergänze eine passende Zahl. Es gibt mehrere Möglichkeiten.

a)	b)	c)
− 2 < ____ < 5	7 > ____ > − 2	0 < ____ < 5
− 9 < ____ < − 4	1 > ____ > − 6	− 5 < ____ < 0
− 6 < ____ < − 1	− 1 > ____ > − 7	− 3 < ____ < 3

1. Was gehört zusammen? Verbinde Text, Pfeilbild und Aufgabe. Rechne aus.

Die Temperatur am Morgen ist 5 °C. Bis Mittag steigt sie um 4 °C.	In der Nacht ist die Temperatur – 5 °C. Dann steigt die Temperatur um 4 °C.	Die Temperatur am Abend ist – 5 °C. In der Nacht fällt die Temperatur um 4 °C.

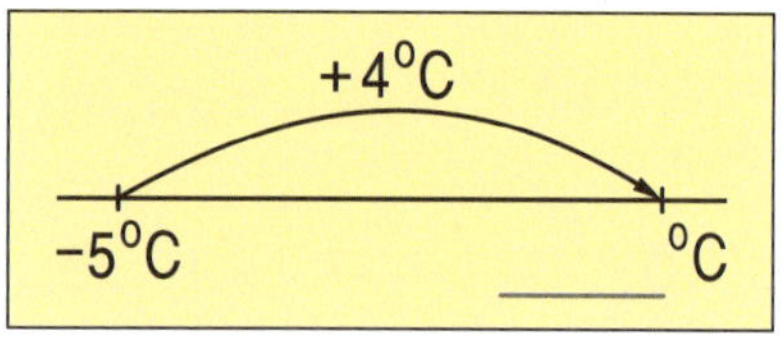

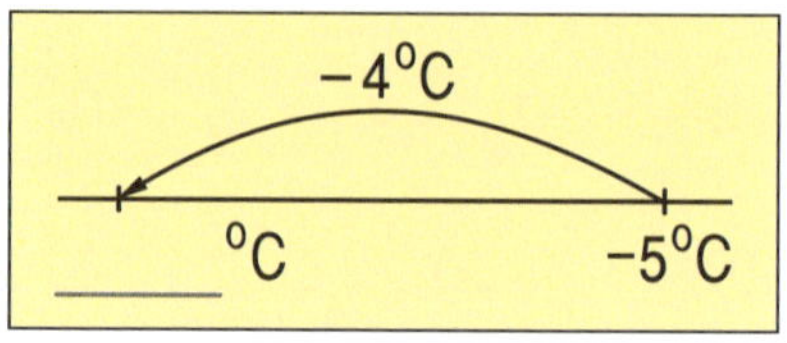

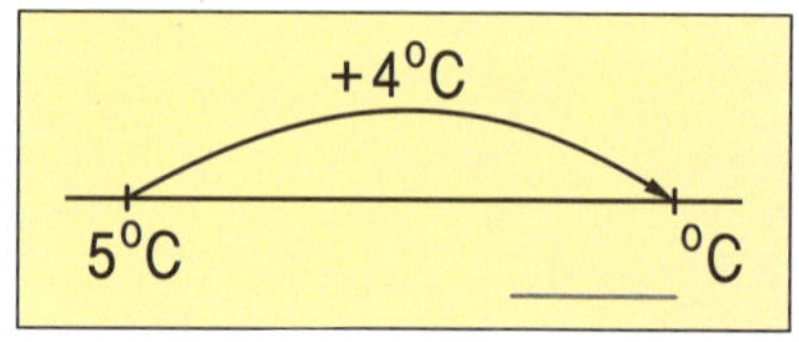

5 + 4 = ____	– 5 + 4 = ____	– 5 – 4 = ____

2. Ergänze das Pfeilbild zur Aufgabe. Rechne aus.

a) 3 – 5 = ____

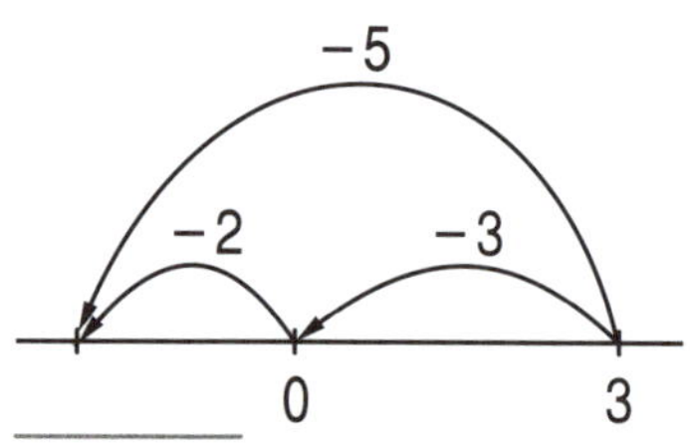

b) 20 – 40 = ____

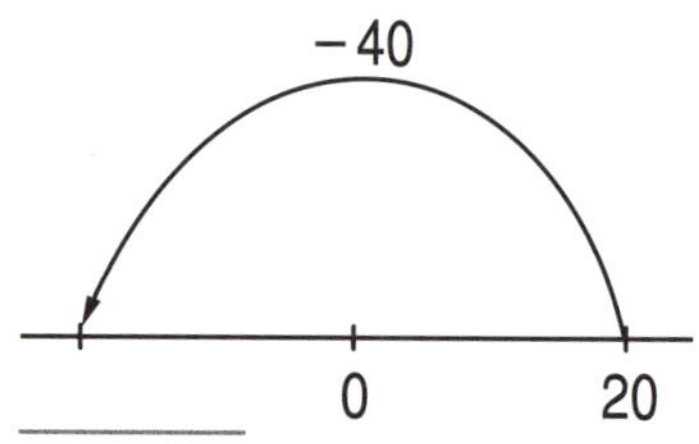

c) 30 – 70 = ____

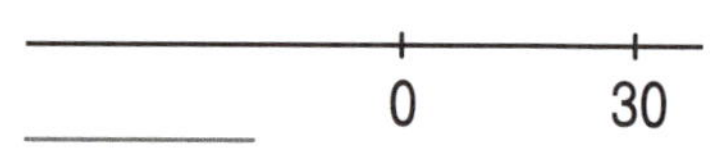

d) – 5 + 9 = ____

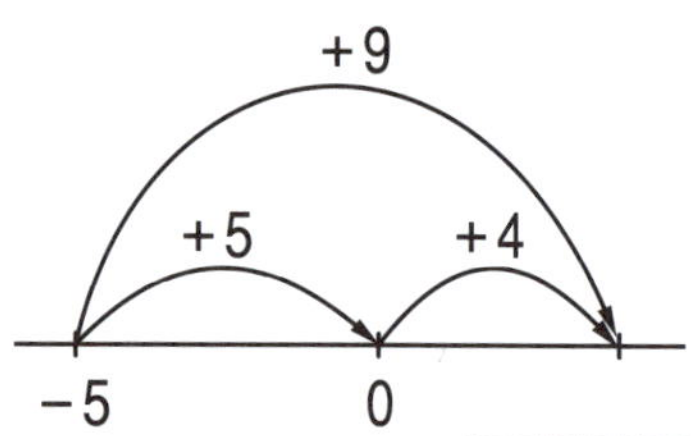

e) – 30 + 50 = ____

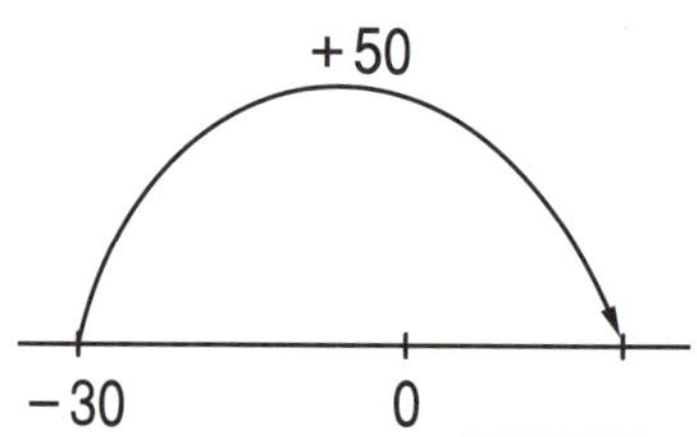

f) – 20 + 80 = ____

3. Rechne. Ordne den Ergebnissen die Buchstaben zu. Du erhältst ein Lösungswort.

a) 20 + 60 = ____ ____
– 20 + 60 = ____ ____
60 – 40 = ____ ____
– 60 – 40 = ____ ____

b) – 55 + 20 = ____ ____
25 + 40 = ____ ____
20 – 25 = ____ ____
– 30 – 15 = ____ ____

c) – 130 + 20 = ____ ____
– 310 – 80 = ____ ____
– 200 + 50 = ____ ____
– 200 – 40 = ____ ____

– 390	– 240	– 150	– 110	– 100	– 45	– 35	– 5	20	40	65	80
E	A	N	J	L	N	B	N	E	I	O	K

4. Nicht alle Aufgaben wurden richtig gelöst. Streiche die falschen Ergebnisse durch. Berichtige.

a) – 20 – 60 = ~~– 40~~ –80
30 – 50 = – 20 ____

b) – 35 + 25 = 10 ____
– 25 – 25 = 0 ____

c) 120 – 130 = 10 ____
– 100 – 55 = – 155 ____

1. Ordne zu.

2. Hier wird immer addiert oder subtrahiert. Trage ein.

a) 2 →(–3) – 1 → – 9 → – 7 → 0

b) – 12 → – 8 → 0 → – 10 → – 1

c) – 20 → 0 → 4 → – 10 → 1

d) – 50 → – 60 → 20 → – 50 → – 20

3. Die Summe der Zahlen in zwei nebeneinander liegenden Steinen steht im Stein darüber.

a)

	___	
– 3	___	
– 8	5	– 7

b)

	___	
___	___	
9	– 12	14

c)

	___	
0	___	
7	___	10

4. Ergänze die fehlenden Zahlen.

a) Start: 10; nach rechts jeweils – 5, nach unten jeweils – 20

10	___	___
___	___	___
___	___	___

b) Start: – 20; nach rechts jeweils – 30, nach unten jeweils +10

– 20	___	___
___	___	___
___	___	___

5. Setze das Muster fort.

a)	b)	c)	d)
50 – 60 = ___	20 – 60 = ___	– 10 + 55 = ___	– 35 + 45 = ___
60 – 70 = ___	30 – 70 = ___	– 20 + 55 = ___	– 30 + 40 = ___
70 – 80 = ___	40 – ___ = ___	– 30 + ___ = ___	– 25 + ___ = ___
___ = ___	___ = ___	___ = ___	___ = ___
___ = ___	___ = ___	___ = ___	___ = ___

1. Berechne die Höhenunterschiede zwischen …

A und B: ____ m

B und D: ____ m

E und F: ____ m

A und F: ____ m

B und E: ____ m

F und B: ____ m

A und E: ____ m

D und E: ____ m

2. In der Tabelle findest du Angaben zu Temperaturen auf Planeten des Sonnensystems.

a) Ergänze die fehlenden Werte.

	Erde	Mars	Merkur	Venus	Jupiter	Neptun
Tiefste Temperatur	– 90 °C	– 130 °C	– 200 °C	440 °C		– 240 °C
Temperaturunterschied					70 °C	40 °C
Höchste Temperatur	60 °C	20 °C	430 °C	500 °C	– 110 °C	

b) Setze richtig in die Lücken des Textes ein.

Auf der Erde gibt es Temperaturunterschiede bis zu ____ °C.

Die höchste gemessene Temperatur auf der Erde liegt bei ____ °C.

Auf anderen Planeten sind die Temperaturwerte noch extremer.

Am kältesten ist es auf dem Planeten ________. Er ist sehr weit von der Sonne entfernt.

Der heißeste Planet ist die ________. Sie liegt näher an der Sonne als die Erde.

Der Temperaturunterschied auf dem Merkur beträgt ____ °C.

Auf den Planeten ________ und ________ ist die höchste Temperatur niedriger als 0 °C.

Am kleinsten ist der Temperaturunterschied auf dem Planeten ________.

Am größten ist der Temperaturunterschied auf dem Planeten ________.

1. Frau Meier vergleicht ihre Kontoauszüge.

Datum	Kontostand
12.10.	50 €

Datum	Kontostand
14.10.	– 30 €

Datum	Kontostand
16.10.	– 45 €

Datum	Kontostand
18.10.	– 95 €

Datum	Kontostand
20.10.	0 €

Datum	Kontostand
21.10.	30 €

Wahr oder falsch? Kreuze an.

	w	f
Am 12.10. waren 50 € Schulden auf dem Konto.		
Am 18. 10. war das Guthaben am höchsten.		
Am 16. 10. hatte das Guthaben die Höhe von 45 €.		
– 30 € bedeutet 30 € Schulden.		
Am 18. 10. waren die Schulden am höchsten.		
Zwischen dem 12. 10. und dem 14. 10. wurden 80 € abgebucht.		
Zwischen dem 18. 10. und dem 20. 10. wurden 30 € gutgeschrieben.		

2. Beachte, ob Geld ausgezahlt oder eingezahlt wird. Ergänze die fehlenden Geldbeträge.

a)

Kontostand (alt)	Auszahlung	Kontostand (neu)
60 €	60 €	
35 €	40 €	
	20 €	50 €
	30 €	– 10 €
50 €		– 20 €
– 10 €		– 90 €

b)

Kontostand (alt)	Einzahlung	Kontostand (neu)
– 20 €	60 €	
– 70 €	40 €	
	50 €	70 €
	40 €	30 €
20 €		60 €
– 50 €		– 40 €

3. Welche Aufgabe gehört zum Text? Verbinde. Rechne aus.

Jan schuldet seiner Mutter 25 €. Zum Geburtstag bekommt er 30 €.

Auf Katjas Konto sind 25 €. Sie hebt 30 € für ein Geschenk ab.

Tim hat 25 € Schulden. Er leiht sich von seinem Vater 30 € für die Fahrkarte.

Sina hat 25 € gespart. Durch das Austragen von Zeitungen verdient sie 30 € dazu.

– 25 € – 30 € = ____

– 25 € + 30 € = ____

25 € – 30 € = ____

25 € + 30 € = ____

1. Lies die Temperaturen für beide Uhrzeiten ab und bestimme den Unterschied.

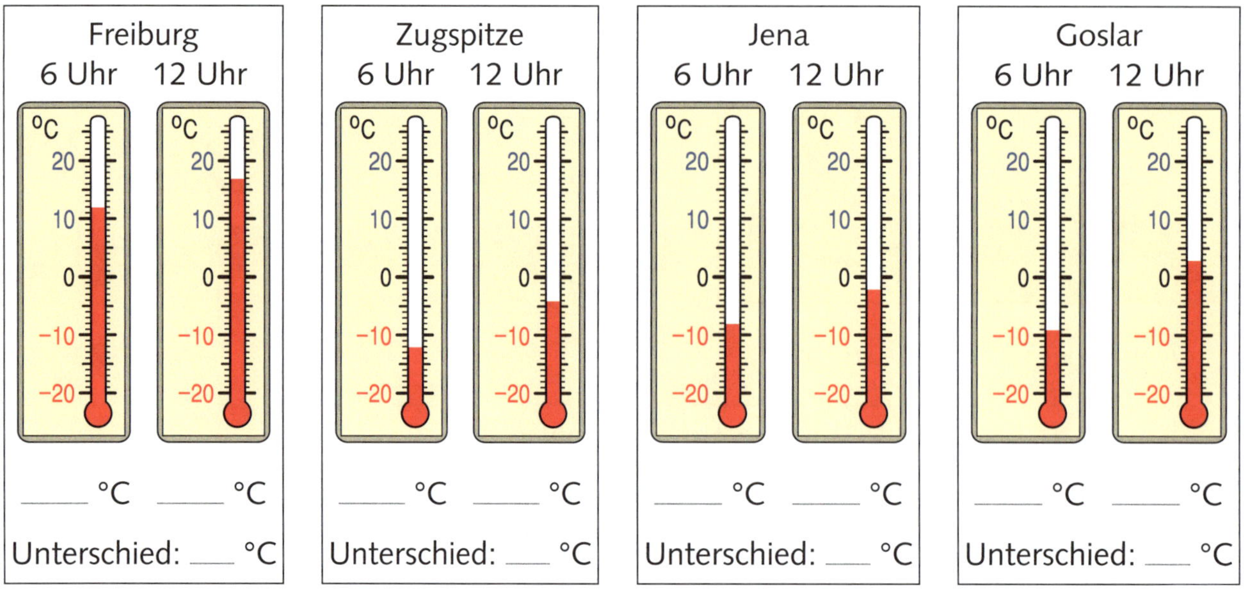

2. Wie heißen die Zahlen?

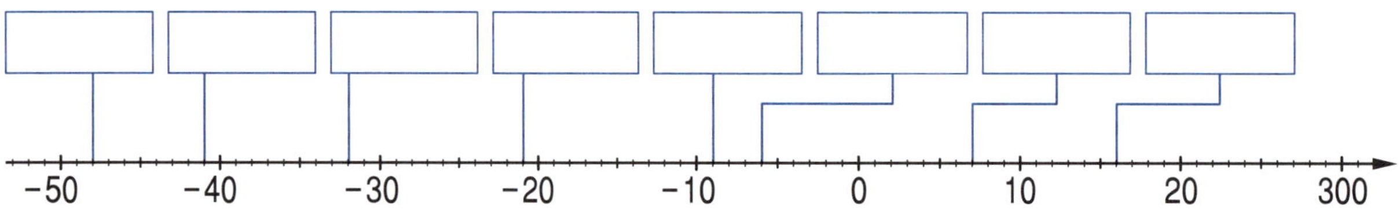

3. Setze die Zahlenreihe fort.

– 12	– 10								

4. Ordne die Zahlen. Beginne mit der kleinsten Zahl.

a) – 49 39 55 – 3

___ < ___ < ___ < ___

b) – 55 0 22 9

___ < ___ < ___ < ___

c) – 65 – 27 – 10 8

___ < ___ < ___ < ___

5. a)

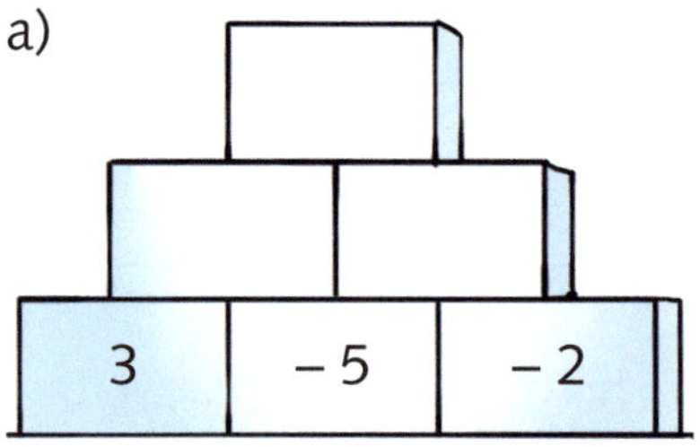

b)

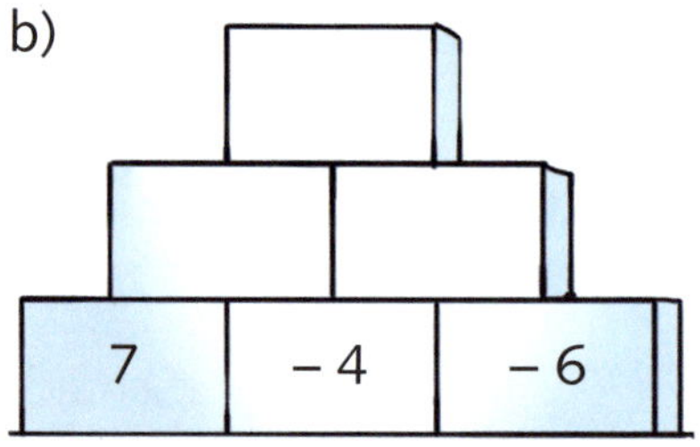

c)

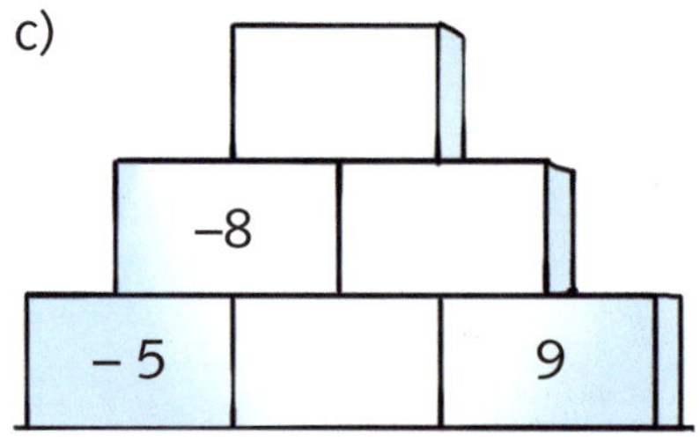

6. Beachte, ob Geld ausgezahlt oder eingezahlt wird. Ergänze die fehlenden Geldbeträge.

a)

Kontostand (alt)	Auszahlung	Kontostand (neu)
40 €	50 €	
	30 €	20 €
– 10 €		– 80 €

b)

Kontostand (alt)	Einzahlung	Kontostand (neu)
– 30 €	70 €	
	40 €	30 €
– 40 €		– 20 €

Flächeninhalt und Volumen 6

1. Wie berechnest du den Umfang eines Rechtecks, wie den Flächeninhalt? Ordne zu.

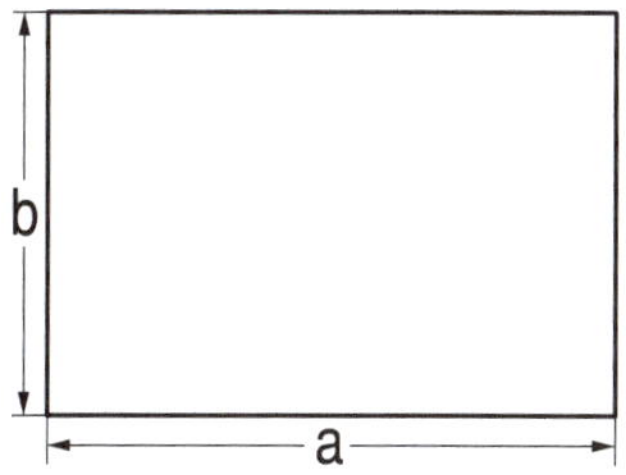

Länge mal Breite

Flächeninhalt

$2 \cdot a + 2 \cdot b$

Umfang

Summe aller Seiten

$a \cdot b$

2. Miss die Seiten a und b. Berechne Umfang und Flächeninhalt des Rechtecks.

a) a = ____ cm, b = ____ cm

$u = 2 \cdot a + 2 \cdot b$

$u = 2 \cdot$ ____ cm + $2 \cdot$ ____ cm

u = ______ cm

$A = a \cdot b$

A = ____ cm · ____ cm

A = ______ cm²

b) a = ________, b = ________

u = ________________

u = ________________

u = ________________

A = ________________

A = ________________

A = ________________

c) a = ________, b = ________

u = ________________

u = ________________

u = ________________

A = ________________

A = ________________

A = ________________

3. Ergänze die fehlenden Werte für das Rechteck.

	a)	b)	c)	d)	e)	f)
Länge (a)	2 cm	5 cm	8 cm	10 cm	10 cm	
Breite (b)	7 cm	8 cm				5 cm
Flächeninhalt (A)			16 cm²	40 cm²		
Umfang (u)					40 cm	30 cm

4. Ein Quadrat hat den Flächeninhalt 9 cm². Wie lang sind die Seiten des Quadrats?
Wie groß ist sein Umfang?

A: ____

1. u oder A? Was muss berechnet werden? Kreuze an.

		Umfang	Flächeninhalt
a)	Ein Zimmer wird mit Teppichboden ausgelegt.		
b)	Die Wand einer Fabrikhalle wird gestrichen.		
c)	Ein Baugrundstück wird mit einem Sicherheitszaun umgeben.		
d)	Der Sportverein benötigt Rollrasen für das Fußballfeld.		
e)	Ein Bild erhält einen Rahmen aus Holzleisten.		
f)	Ein Getreidefeld wird gedüngt.		

2. Familie Özkan hat einen Kleingarten gepachtet.

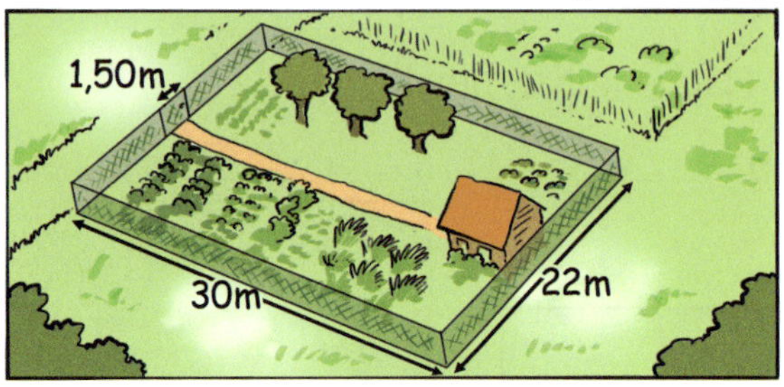

a) Berechne die Fläche des Gartens. Fläche des Gartens: ______

b) Berechne die Länge des Zaunes ohne das 1,50 m breite Tor. Zaunlänge: ______

3. Familie Berg plant einen Ausbau der Terrasse.

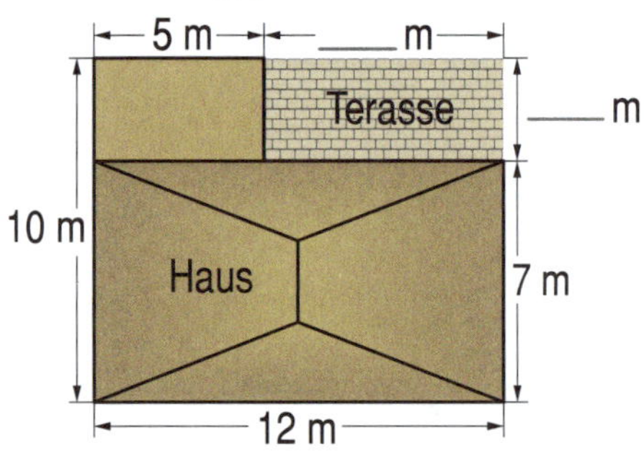

a) Ergänze die fehlenden Maße im Plan.

b) Berechne die Fläche der Terrasse. Fläche der Terrasse: ______

c) Jede Seite der Terrasse wird um 1 m verlängert. Schreibe die neuen Maße auf, dann berechne die neue Fläche.

Neue Länge: ______ Neue Breite: ______ Neue Fläche: ______

4. Wie viel Euro kostet der Teppichboden für das Wohnzimmer?

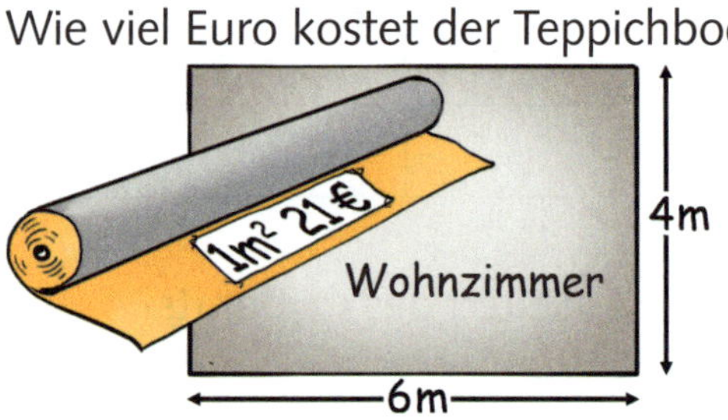

A: ______

1.

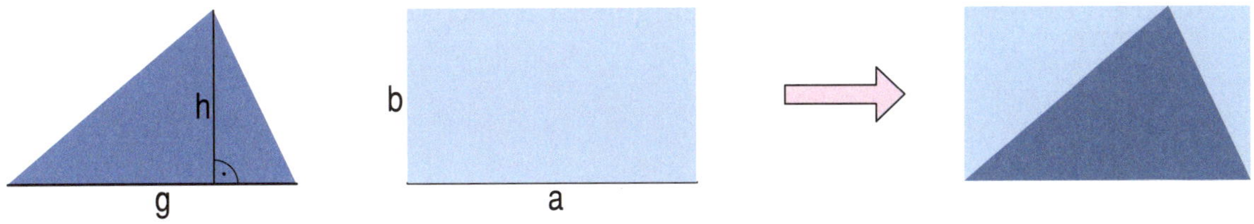

Ein Dreieck und ein Rechteck aus Transparentpapier liegen übereinander. Ergänze den Text.

a) Die Grundseite g des Dreiecks ist genauso lang wie die Seite ____ des Rechtecks.

b) Die Höhe h des Dreiecks ist genauso lang wie die Seite ____ des Rechtecks.

c) Der Flächeninhalt des __________ ist halb so groß wie der Flächeninhalt des __________.

2. Berechne den Flächeninhalt des Dreiecks.

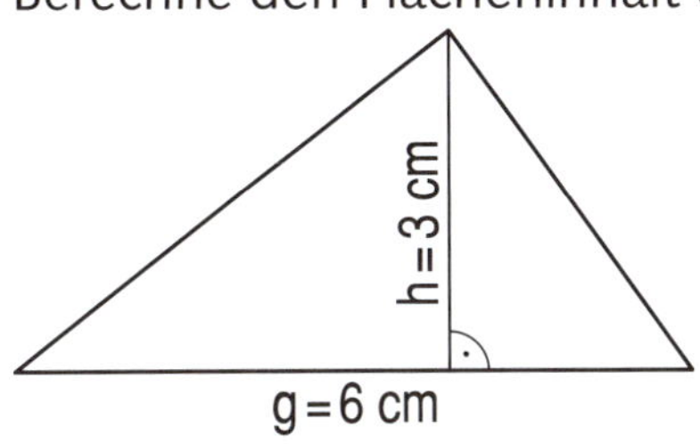

$A = \frac{g \cdot h}{2}$

$A = \frac{\_\_\_ \text{ cm} \cdot \_\_\_ \text{ cm}}{2}$

A = ________ cm²

3. Zeichne die Höhe ein. Miss Grundseite und Höhe. Berechne den Flächeninhalt des Dreiecks.

a) g = ____ cm, h = ____ cm b) g = ____ cm, h = ____ c) g = ____ cm, h = ____ cm

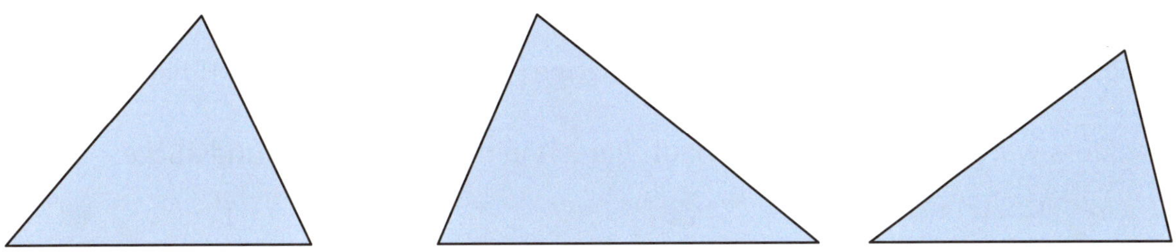

a)	b)	c)
$A = \frac{g \cdot h}{2}$	A = __________	A = __________
$A = \frac{\_\_\_ \text{ cm} \cdot \_\_\_ \text{ cm}}{2}$	A = __________	A = __________
A = ________ cm²	A = __________	A = __________

4. Berechne den Flächeninhalt der Dreiecke. Was fällt dir auf?

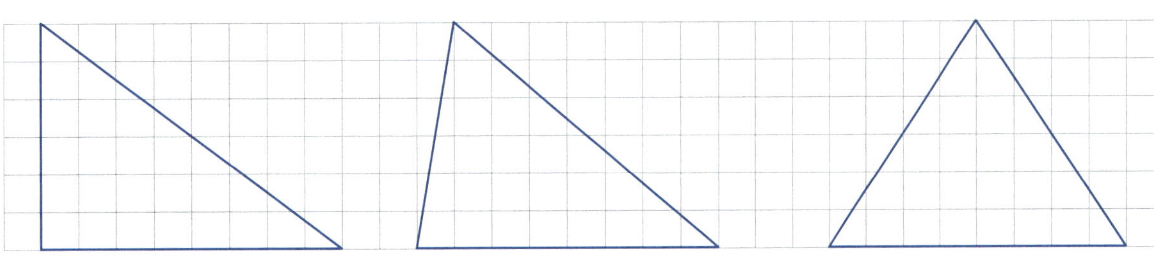

$A = \frac{g \cdot h}{2}$	A = __________	A = __________
$A = \frac{\_\_\_ \text{ cm} \cdot \_\_\_ \text{ cm}}{2}$	A = __________	A = __________
A = ________ cm²	A = __________	A = __________

A: ____

1. Die Glasflächen in einer Tür sind mit Leisten eingefasst. Berechne Umfang u und Flächeninhalt A.

a)

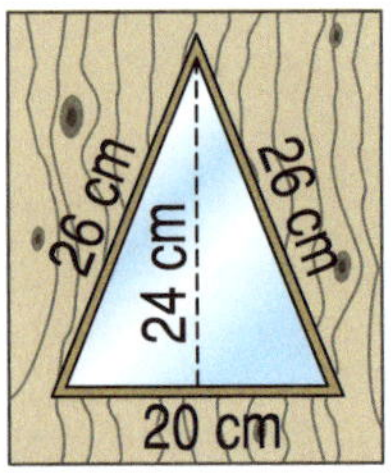

u = ______ A = ______

u = ______ A = ______

u = ______ A = ______

b)

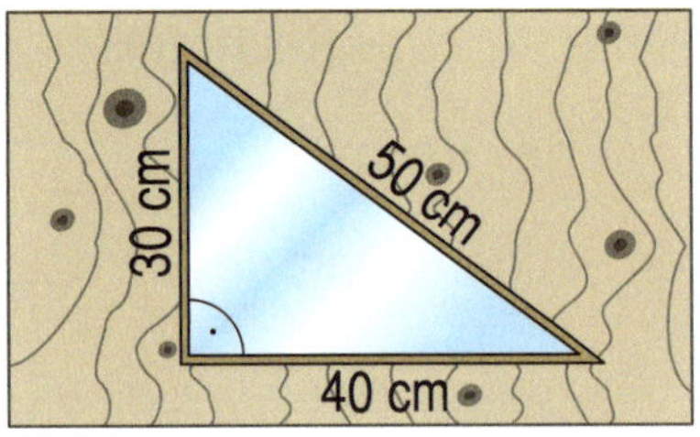

u = ______ A = ______

u = ______ A = ______

u = ______ A = ______

2. Berechne die fehlende Angabe für die Regatta.

a) auf der Ostsee

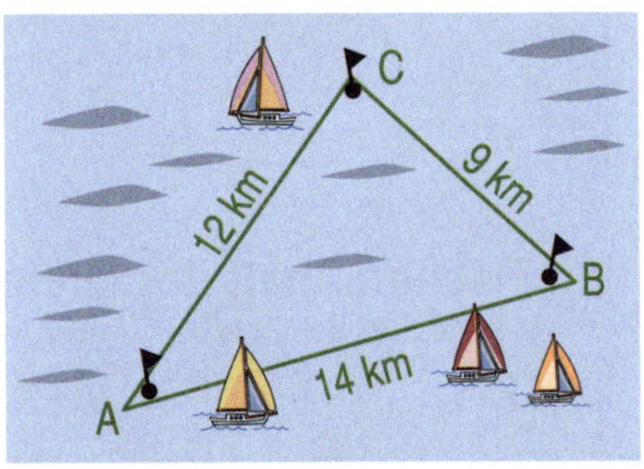

Gesamtlänge: ______

b) auf der Nordsee

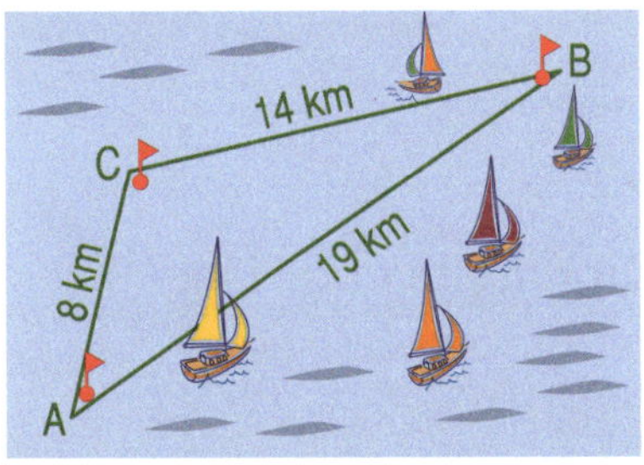

Gesamtlänge: ______

c) auf dem Bodensee

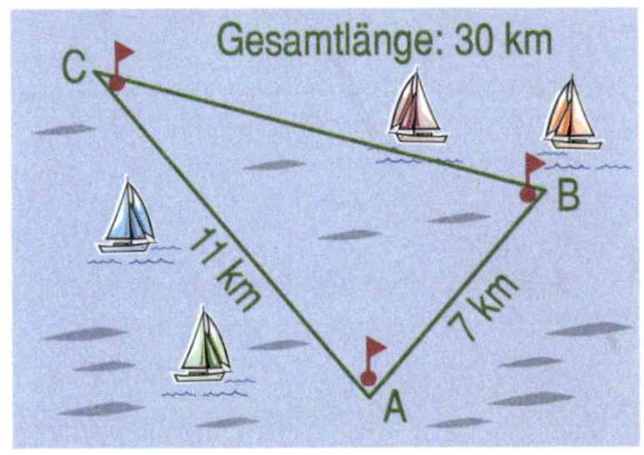

Von B nach C: ______

3. Am Fluss werden Grundstücke bebaut. Berechne die Größe der Grundstücke.

a)

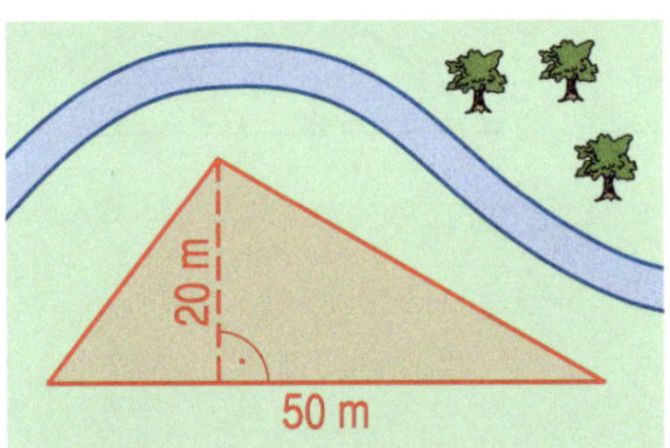

Grundstücksgröße : ______

b)

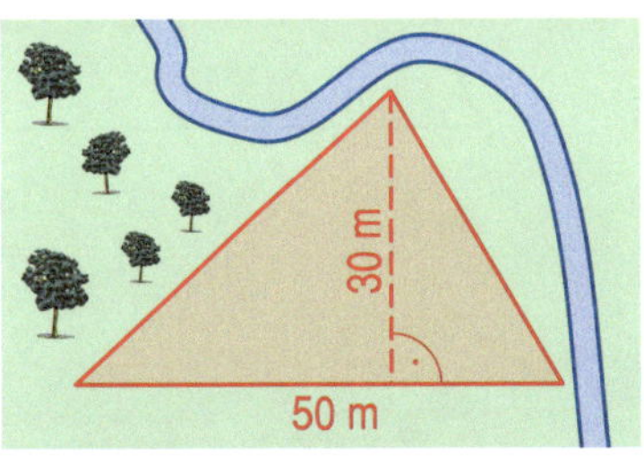

Grundstücksgröße : ______

c)

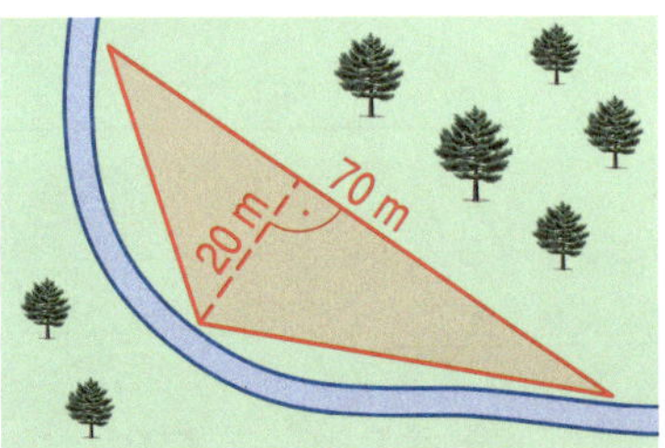

Grundstücksgröße : ______

4. Berechne den Flächeninhalt der Dreiecke.

	a)	b)	c)	d)	e)	f)
Grundseite g	2 cm	15 cm	40 cm	30 cm	80 cm	100 cm
Höhe h	7 cm	8 cm	70 cm	6 cm	40 cm	50 cm
Flächeninhalt A						

1. Die Seitenfläche einer Fabrikhalle soll gestrichen werden. Berechne die Größe der Fläche.

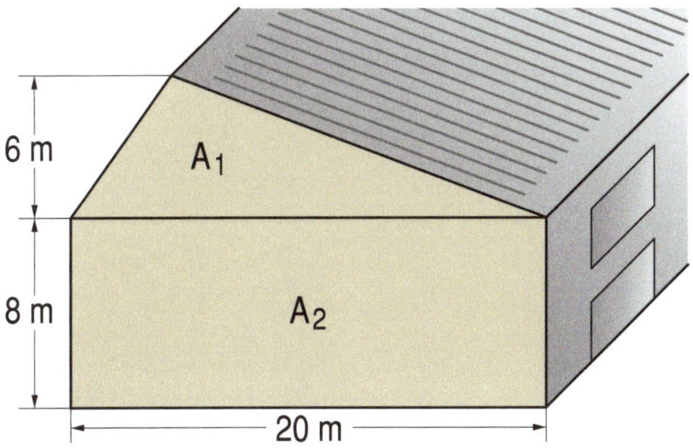

$A_1 = \frac{g \cdot h}{2}$

$A_1 = \frac{\_\_\_ \text{ m} \cdot \_\_\_ \text{ m}}{2}$

$A_1 = \_\_\_\_\_\_ \text{ m}^2$

$A_2 = a \cdot b$

$A_2 = \_\_\_ \text{ m} \cdot \_\_\_ \text{ m}$

$A_2 = \_\_\_\_\_\_ \text{ m}^2$

$A = A_1 + A_2$

$A = \_\_\_\_\_\_ \text{ m}^2$

2. Ergänze fehlende Maße für die Anbauflächen. Berechne den Flächeninhalt.

a)

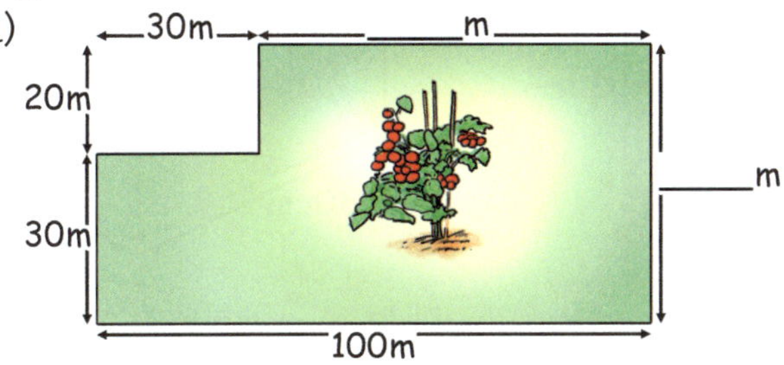

A = ______________________

b)

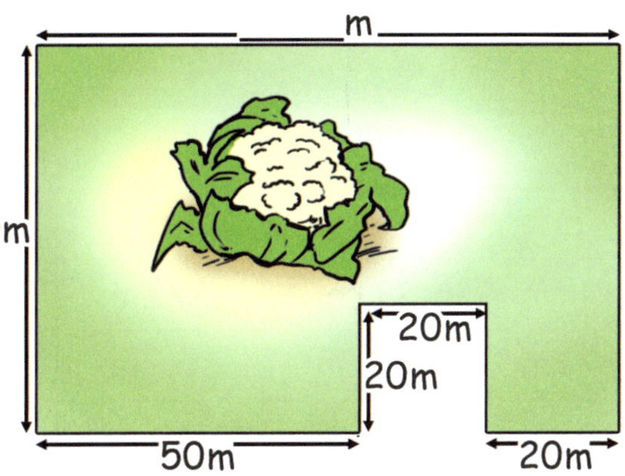

A = ______________________

3. Wie viel cm^2 Blech werden für das Hinweisschild benötigt?

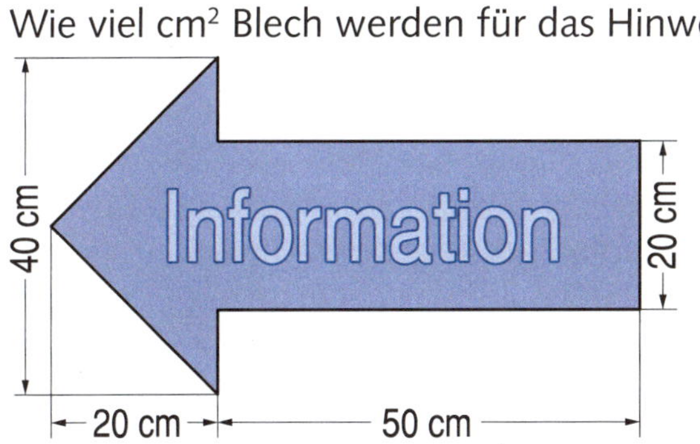

A = ______________________

1. Berechne das Volumen der Packung.

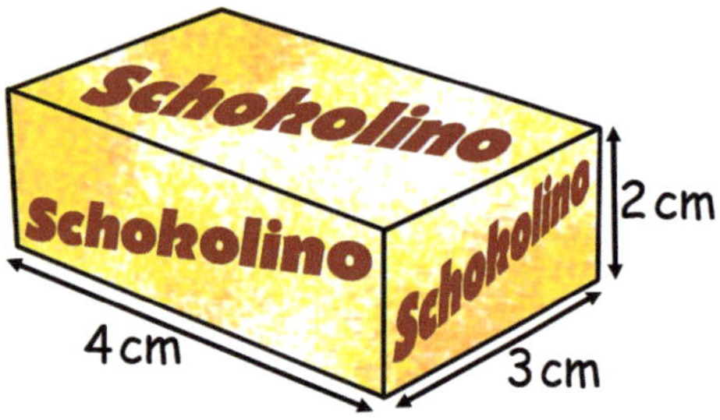

V = a · b · c
V = 4 cm · 3 cm · 2 cm
V = ________ cm^3

2. Welches Paket hat das größte Volumen?

a)

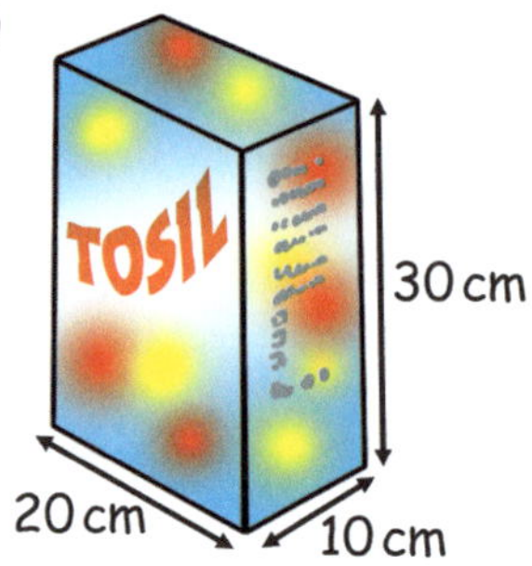

V = ________
V = ________
V = ________

b)

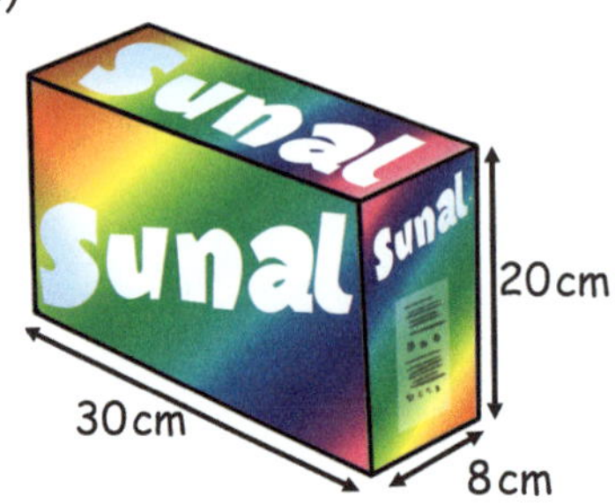

V = ________
V = ________
V = ________

c)

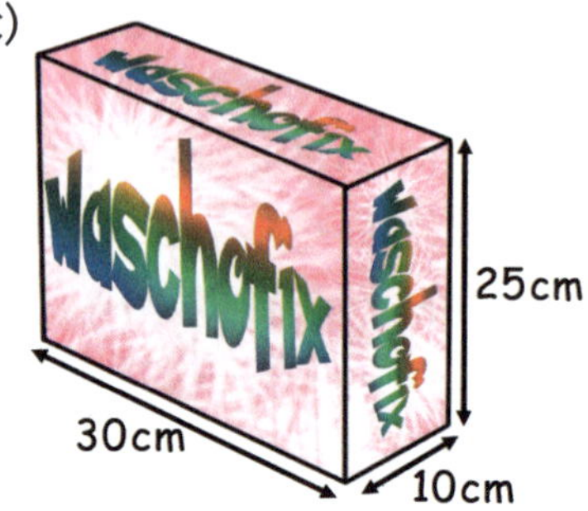

V = ________
V = ________
V = ________

A: ________________________________

3. Berechne das Volumen des Quaders.

	a)	b)	c)	d)	e)	f)
Seite a	2 cm	50 cm	14 cm	23 cm	27 cm	35 cm
Seite b	7 cm	80 cm	27 cm	15 cm	17 cm	35 cm
Seite c	5 cm	70 cm	10 cm	17 cm	30 cm	35 cm
Volumen V						

4. Jeder Transporter wird voll beladen. Berechne das Volumen des Laderaums.

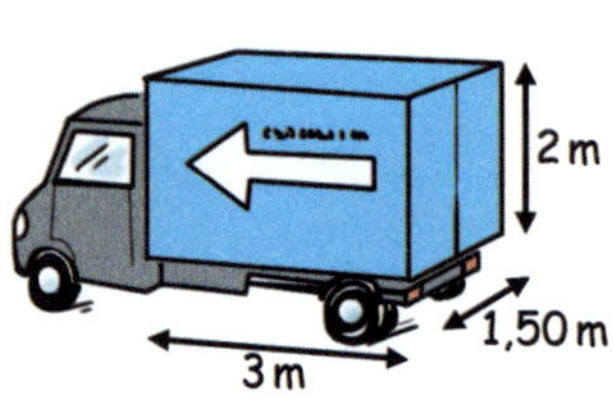

Volumen = ______

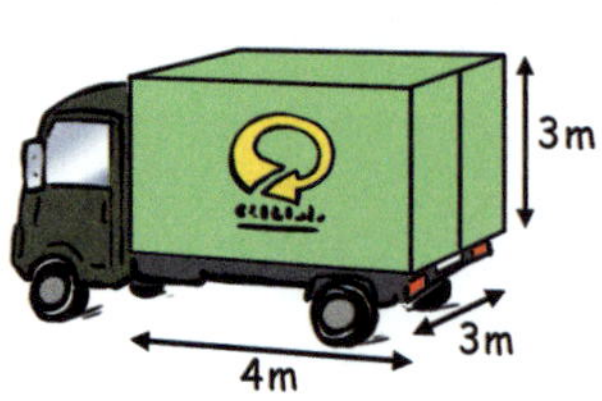

Volumen = ______

1. Was gehört zusammen? Verbinde.

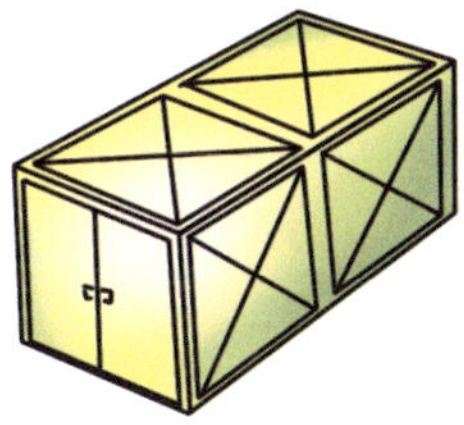

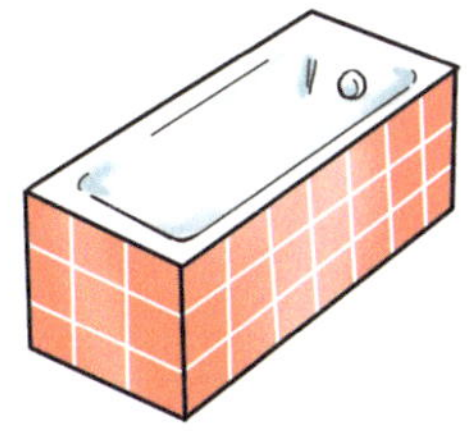

70 m^3	1 ℓ	120 ℓ	15 cm^3	40 ℓ

2. Mit 1 ℓ Wasser kannst du einen Würfel mit der Kantenlänge 10 cm genau füllen. Wandle um.

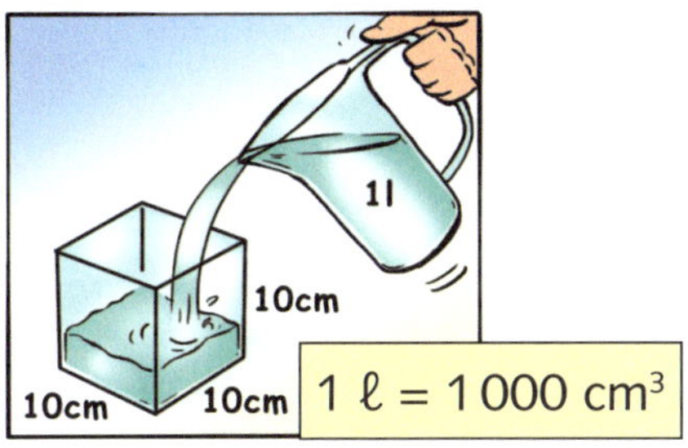

a)		b)	
4 ℓ = ___ cm^3		1 200 cm^3 = ___ ℓ	
8 ℓ = ___ cm^3		700 cm^3 = ___ ℓ	
4,5 ℓ = ___ cm^3		7 500 cm^3 = ___ ℓ	
0,4 ℓ = ___ cm^3		250 cm^3 = ___ ℓ	
0,75 ℓ = ___ cm^3		10 000 cm^3 = ___ ℓ	

3. Wandle um.

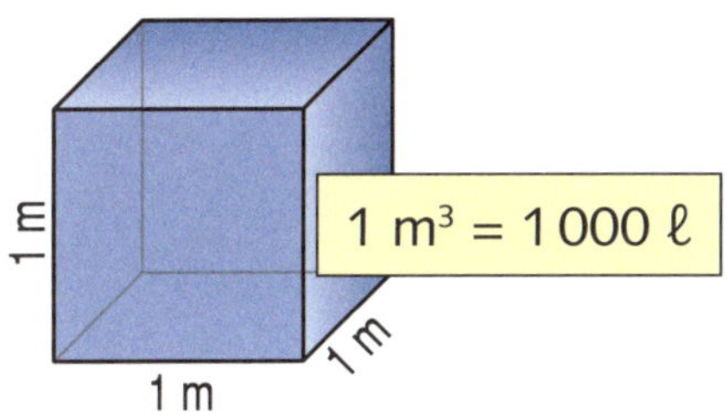

a)		b)	
2 m^3 = ___ ℓ		5 000 ℓ = ___ m^3	
0,5 m^3 = ___ ℓ		250 ℓ = ___ m^3	
2,5 m^3 = ___ ℓ		5 600 ℓ = ___ m^3	
1,9 m^3 = ___ ℓ		7623 ℓ = ___ m^3	
0,75 m^3 = ___ ℓ		10 000 ℓ = ___ m^3	

4. Wie viel Liter Saft enthalten die Pakete?

a)

___ ℓ

b)

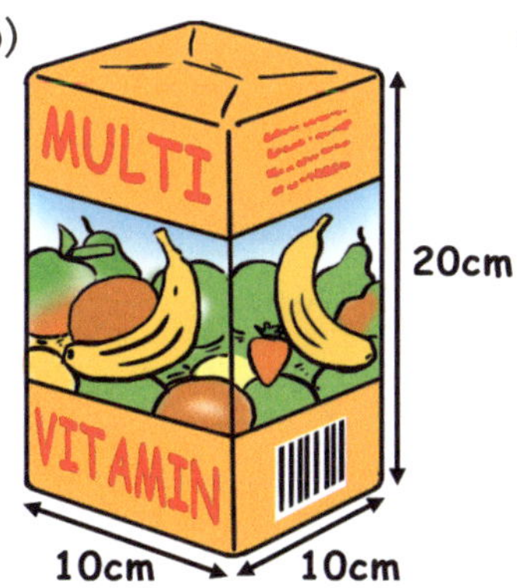

___ ℓ

c)

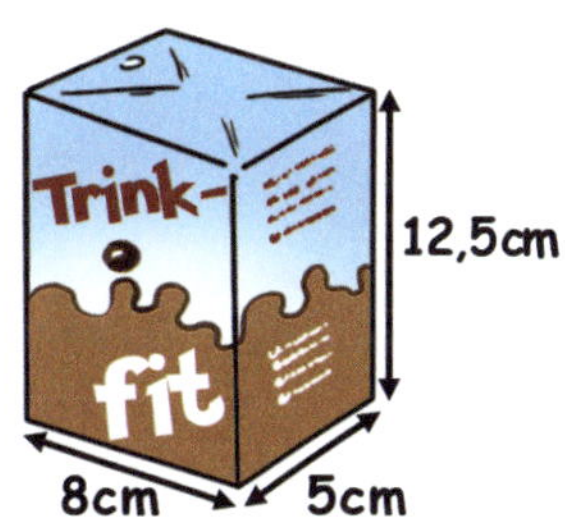

___ ℓ

d)

___ ℓ

Oberfläche des Quaders

1. Die Oberfläche des Quaders ist die Summe aller Seitenflächen.
Vervollständige die Rechnung.

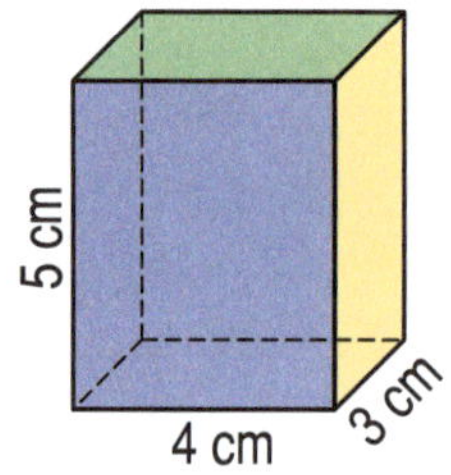

Grundfläche
4 cm · 3 cm = 12 cm²

Vorderfläche
4 cm · 5 cm = 20 cm²

Seitenfläche
3 cm · 5 cm = 12 cm²

O = 2 · Grundfläche + 2 · Vorderfläche + 2 · Seitenfläche

O = 2 · 12 cm² + 2 · _____ cm² + 2 · _____ cm²

O = _____ cm² + _____ cm² + _____ cm²

O = _____ cm²

2. Berechne die Oberfläche des Quaders.

a)

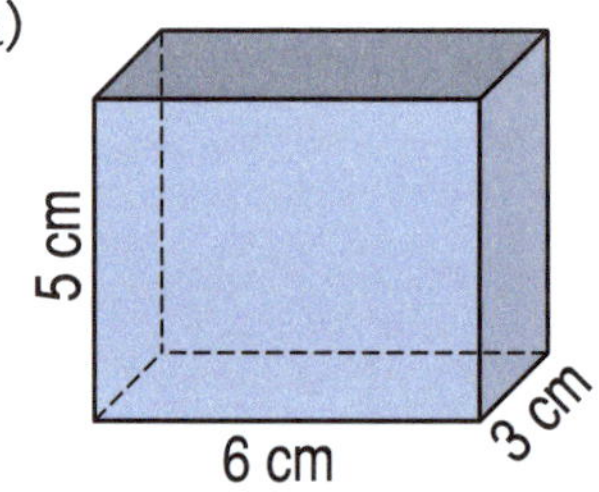

O = 2 · Grundfläche + 2 · Vorderfläche + 2 · Seitenfläche

O = 2 · _____ cm² + 2 · _____ cm² + 2 · _____ cm²

O = _____ cm² + _____ cm² + _____ cm²

O = _____ cm²

b)

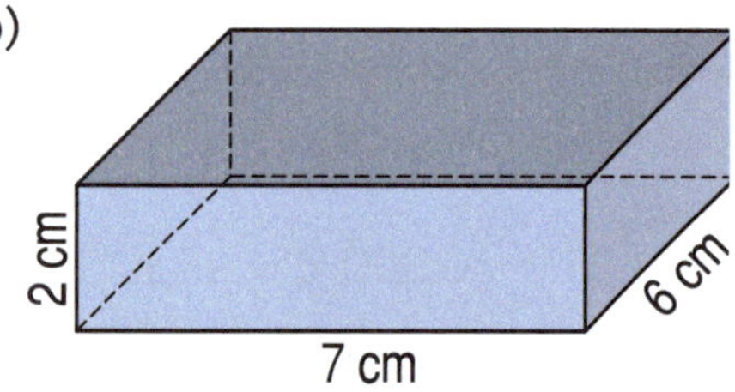

O = 2 · _____ cm² + 2 · _____ cm² + _____

O = _____

O = _____

c)

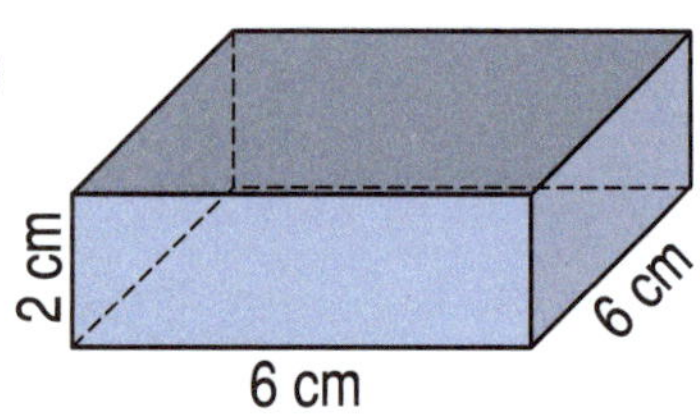

O = _____

O = _____

O = _____

1. Die Schülerfirma bezieht einen Container als Büro. Wie groß ist das Volumen des Containers?

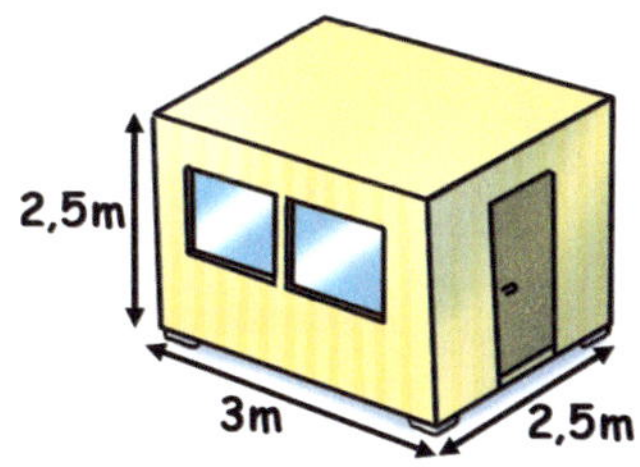

A: ______________________________

2. Bei einem Versandservice gibt es Pakete in den Größen Mini und Maxi.
Berechne das Volumen der Pakete.

	MINI	MAXI
Länge	20 cm	40 cm
Breite	15 cm	30 cm
Höhe	15 cm	15 cm
Volumen		

3. Wie viel cm² Pappe werden mindestens für die Verpackung benötigt?

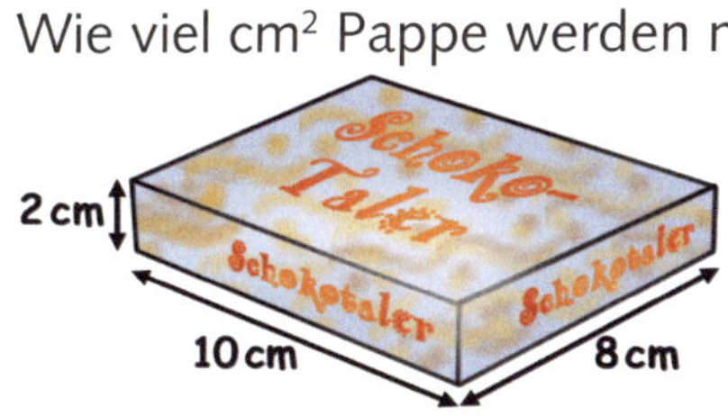

A: ______________________________

4. Einer Getränkefirma liegen zwei Entwürfe für die Verpackung eines neuen Fruchtsafts vor.
Berechne jeweils Volumen und Oberfläche. Entscheide dich für einen der beiden Entwürfe.

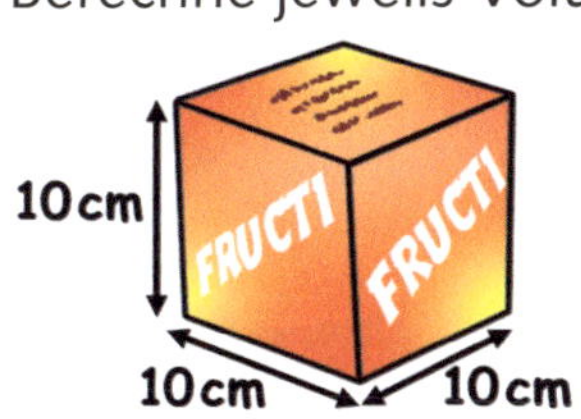

Entwurf 1

V = __________ O = __________
V = __________ O = __________
V = __________ O = __________

Entwurf 2

V = __________ O = __________
V = __________ O = __________
V = __________ O = __________

Ich entscheide mich für Entwurf ______, weil ______________________________.

1. Wie viel cm^2 Eisenblech werden für das Schild benötigt?

a) 

b) 

c) 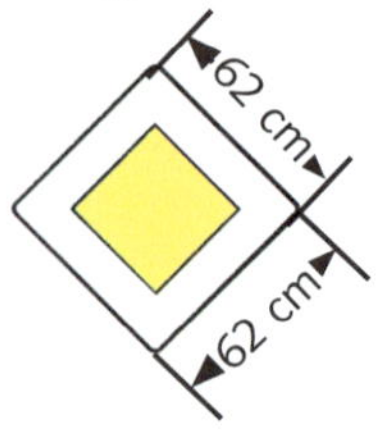

d) 

a) ______ cm^2 b) ______ cm^2 c) ______ cm^2 d) ______ cm^2

2. Volumen oder Oberfläche? Was muss berechnet werden? Kreuze an.

		V	O
a)	Ein Lkw wird mit Sand beladen.		
b)	Rabea beklebt einen Geschenkkarton rundum mit Buntpapier.		
c)	Ein Aquarium wird mit Wasser gefüllt.		

3. Immer zwei Angaben für das gleiche Volumen. Färbe in der gleichen Farbe.

a)

500 cm^3	7,5 ℓ	0,75 ℓ
750 cm^3	7 500 cm^3	0,5 ℓ

b)

2 m^3	5 000 ℓ	0,5 m^3
500 ℓ	2 000 ℓ	5 m^3

4. Berechne das Volumen. Wandle um in Liter.

a) 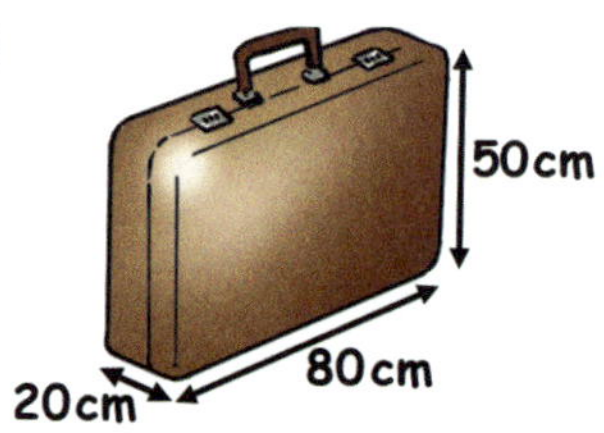

b) 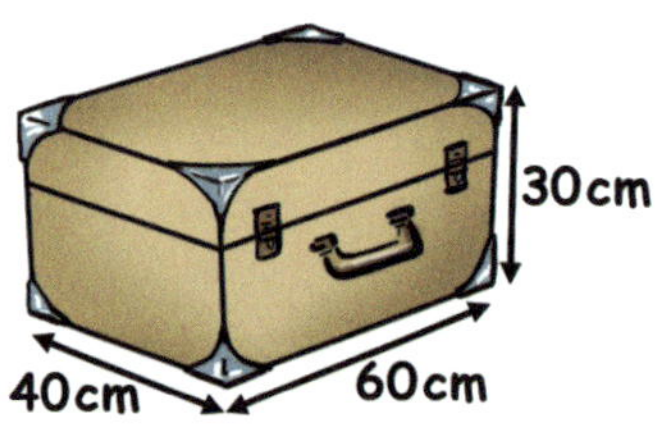

c) 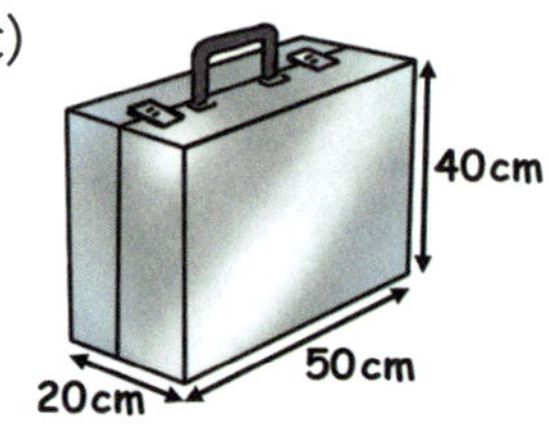

a) V = ______ cm^3 = ______ ℓ b) V = ______ cm^3 = ______ ℓ c) V = ______ cm^3 = ______ ℓ

5. Das Straßenbauamt bestellt Holzkisten zur Lagerung von Streusand für den Winter.

a) Wie viel m^3 Sand passen in eine Kiste?

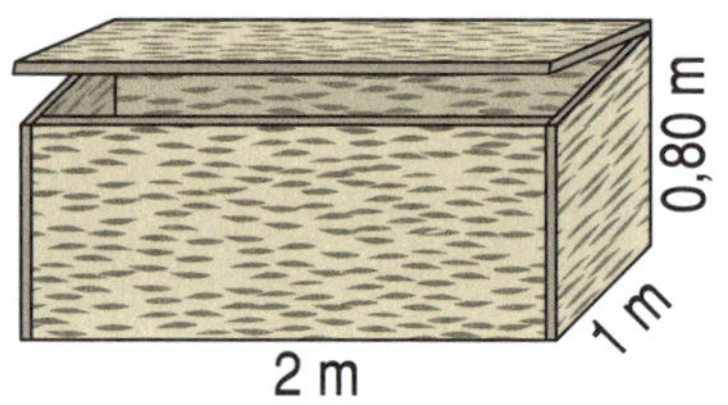

A: ____________________

b) Wie viel m^2 Holz werden für eine Kiste benötigt?

A: ____________________

7 Terme und Gleichungen

1. Das unbekannte Gewicht x wird mit der Waage bestimmt.
Vervollständige den Lösungsweg für die dazugehörige Gleichung.
Wie groß ist das unbekannte Gewicht x?

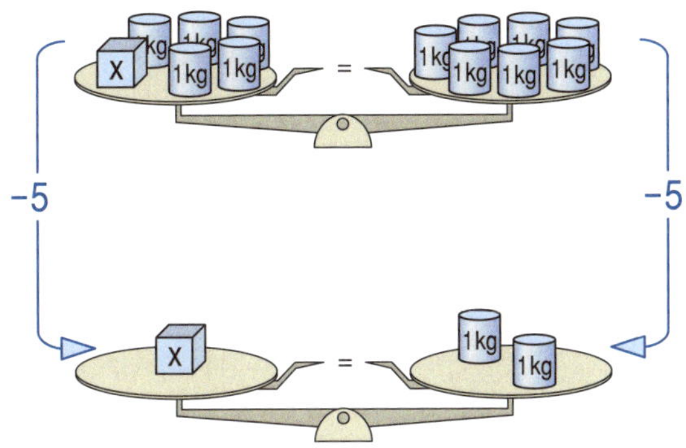

Gleichung:	x + 5 = 7
Lösen der Gleichung:	x + 5 = 7 | − 5
Lösung:	x =

A: ____________________

Zum Lösen einer Gleichung führst du auf beiden Seiten dieselben Rechnungen durch.

2. Zum oberen Waagebild wurde eine Gleichung geschrieben.
Vervollständige den Lösungsweg für die Gleichung.

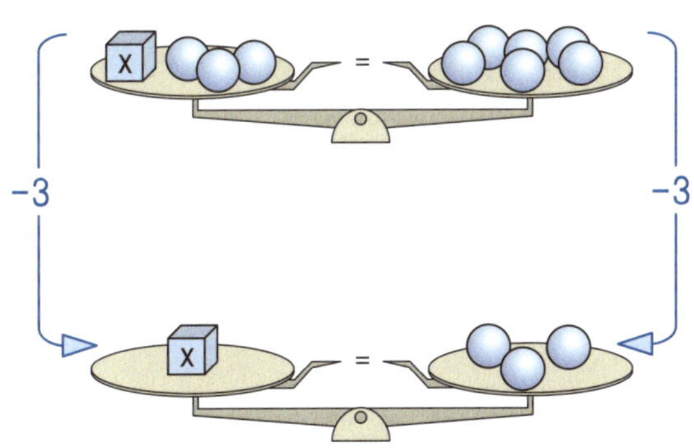

Gleichung:	x + 3 = 6
Lösen der Gleichung:	x + 3 = 6
Lösung:	

3. x ist unbekannt.
a) Schreibe die Gleichung zum oberen Waagebild auf.
b) x wird an der Waage bestimmt. Trage den Lösungsschritt in das Waagebild ein.
c) Löse die Gleichung

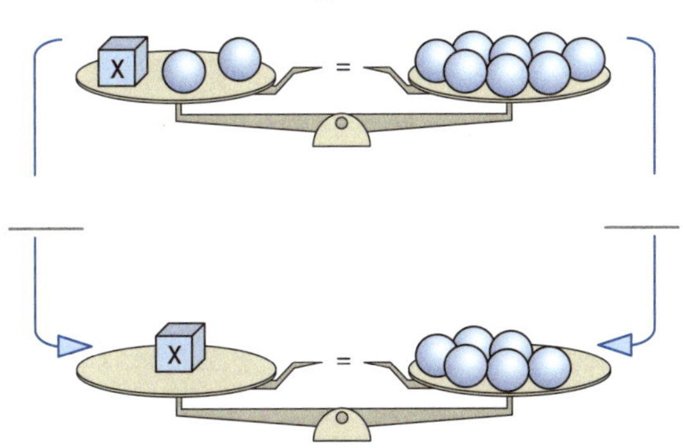

Gleichung:	
Lösen der Gleichung:	

1. Zum oberen Waagebild wurde eine Gleichung geschrieben.
Vervollständige den Lösungsweg für die Gleichung.

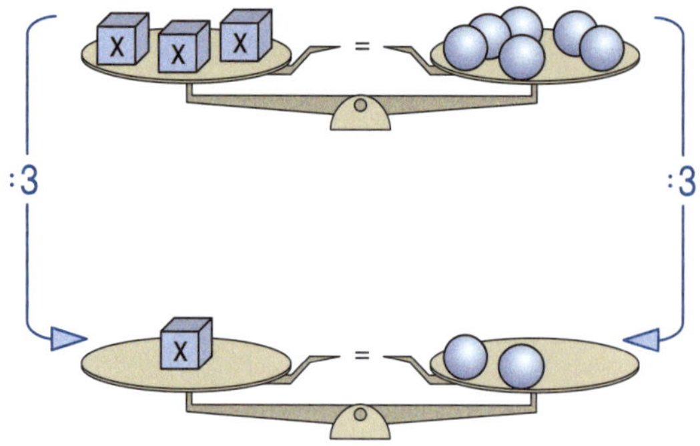

Gleichung: $3x = 6$

Lösen der Gleichung: $3x = 6 \quad |:3$

Lösung: $x =$

2. Schreibe die Gleichung zum oberen Waagebild auf. Trage den Lösungsschritt zur Bestimmung von x in das Waagebild ein. Löse die Gleichung.

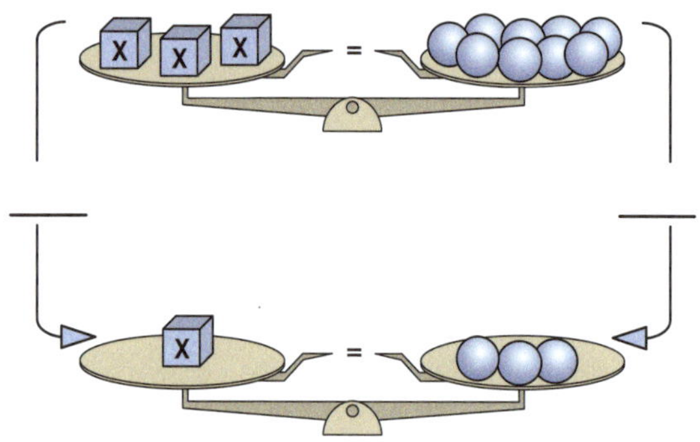

Gleichung:

Lösen der Gleichung:

3. a) Schreibe die Gleichung zum oberen Waagebild auf.
b) Hier gibt es zwei Lösungsschritte. Trage sie in das Waagebild ein. Löse die Gleichung.

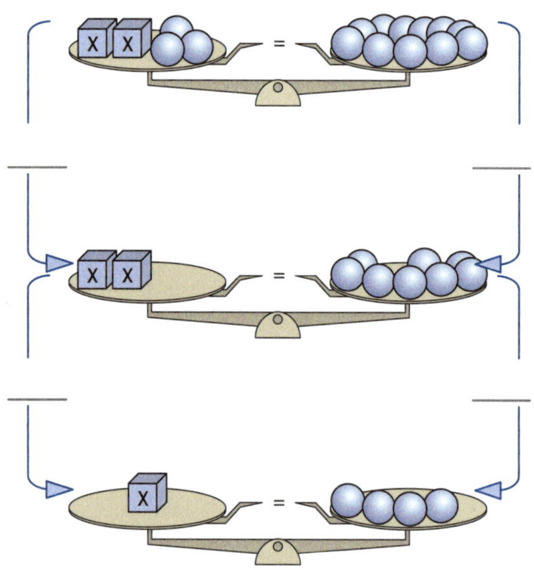

Gleichung:

Lösen der Gleichung:

4. Löse die Gleichung.

a) $5x = 20$

b) $4x + 3 = 19$

1. Zu einem Zahlenrätsel wird schrittweise eine Gleichung aufgestellt. Löse die Gleichung.

a)

Zahl: x

$5x$

$5x + 8$

$5x + 8 = 38$

Gleichung: $5x + 8 = 38 \quad | - 8$

$5x =$

$x =$

Die gedachte Zahl ist ______.

b)

Zahl: x

$6x$

$6x - 7$

$6x - 7 = 23$

Gleichung: $6x - 7 = 23 \quad | + 7$

Die gedachte Zahl ist ______.

2. Stelle zum Zahlenrätsel eine Gleichung auf und löse sie. Wie heißt die gedachte Zahl?

a)

A: ______________________

b)

A: ______________________

3. Löse die Gleichung.

a) $2x + 5 = 21$

b) $5x - 6 = 39$

c) $3x - 6 = 15$

d) $9x + 5 = 59$

1. Stelle eine Gleichung auf und löse sie. Schreibe einen Antwortsatz.

a)

Wie viel € kostet der Eintritt für ein Kind?

Eintritt für ein Kind: x

Eintritt für 3 Kinder: 3 x

Eintritt für alle: 3 x + 5 = 1 7

Lösen der Gleichung: 3 x + 5 = 1 7 |

A:

b)

Wie viel € kostet der Eintritt für eine Person?

A:

2. Welche der vier Gleichungen gehört zum Text? Löse sie. Schreibe einen Antwortsatz.

2x + 4 = 26	4x – 2 = 26	4x + 2 = 26	2x – 4 = 26

a) Lara kauft 4 Ringe. Sie kann einen Gutschein über 2 € einlösen. Daher muss sie nur noch 26 € bezahlen.
Wie viel Euro kostet ein Ring?

A:

b) Ali kauft 4 Kinokarten und eine Tüte Popcorn für 2 €. An der Kasse bezahlt er insgesamt 26 €.
Wie viel Euro kostet eine Kinokarte?

A:

3. Herr Arp kauft 5 Kreisel und ein Paket Straßenkreide, das 4 € kostet. An der Kasse bezahlt er insgesamt 39 €. Wie viel Euro kostet ein Kreisel?

A:

1. Wie alt ist jede Person? Du findest es mit einer Gleichung heraus.

a)

Tom: x Jahre Vater: 4 x Jahre

Zusammen: x + 4 x = 5 x

Gleichung: 5 x = 6 0

Lösen der Gleichung: 5 x = 6 0 | :

Tom ist ___ Jahre alt, sein Vater ___ Jahre.

b)

Lea ist ___ Jahre alt, ihre Mutter ___ Jahre.

2. a) Schreibe zum Text eine Frage auf. Ordne eine Gleichung zu. Eine Gleichung bleibt übrig.
b) Löse die Gleichung, die du dem Text zugeordnet hast. Schreibe einen Antwortsatz.

A	5x + 10 = 65

B	10x + 5 = 65

C	5x – 65 = 10

Fatma möchte einen City-Roller für 65 € kaufen. Wenn sie 5 Monate lang ihr Taschengeld spart und dann den Roller kauft, behält sie 10 € übrig.

F: ______

Dazu gehört Gleichung ___.

A: ______

Im Getränke-Markt hat Jan an 5 Tagen immer gleich viel Geld verdient. Nun fehlen ihm noch 10 € zum Kauf eines Hockeyschlägers für 65 €.

F: ______

Dazu gehört Gleichung ___.

A: ______

3. Stelle eine Gleichung zur Aufgabe auf. Löse die Gleichung. Schreibe einen Antwortsatz.

Durch Babysitten verdient Lena an 4 Tagen immer gleich viel. Sie kauft eine CD für 17 € und behält 19 € übrig. Wie viel Euro verdient Lena an jedem Tag?

A: ______

______

1. a) Schreibe die Gleichung zum oberen Waagebild auf.
b) Trage die beiden Lösungsschritte in das Waagebild ein. Löse die Gleichung.

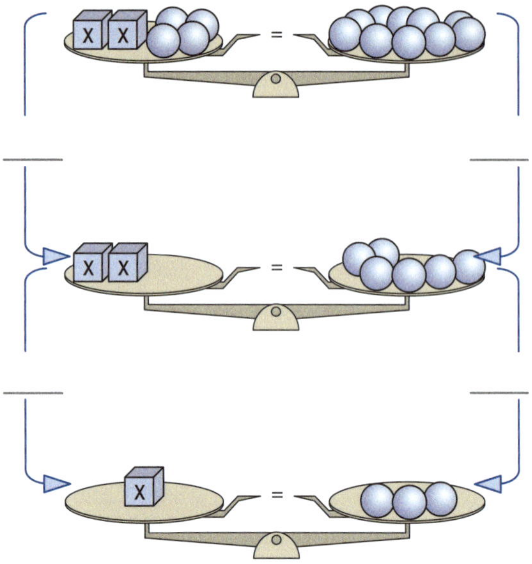

2. Löse die Gleichung.

a) $2x + 7 = 29$

b) $3x - 8 = 16$

c) $7x - 4 = 38$

d) $8x + 5 = 61$

3. Stelle zum Zahlenrätsel eine Gleichung auf und löse sie. Wie heißt die gedachte Zahl?

Zahl: x

A: ______________________________

4. Stelle eine Gleichung zur Aufgabe auf. Löse die Gleichung. Schreibe einen Antwortsatz.

Frau End kauft für den Sportverein ein Paar Socken für 6 € und 5 gleiche T-Shirts. Sie bezahlt insgesamt 51 €. Wie viel Euro kostet ein T-Shirt?

A: ______________________________

____

8 Daten und Zufall

1. Jan und Kübra haben eine Woche lang aufgeschrieben, wie viel Minuten sie für die Hausaufgaben gebraucht haben.

a) Wie viel Minuten benötigte jeder im Durchschnitt?

	Mo	Di	Mi	Do	Fr
Jan	49	42	29	36	34
Kübra	44	43	40	37	36

Durchschnitt für Jan: ______ Durchschnitt für Kübra: ______

b) Gib die Spannweite der Werte für Jan und die Spannweite der Werte für Kübra an.

Spannweite für Jan: ______ Spannweite für Kübra: ______

Den **Mittelwert** (Durchschnitt) berechnet man in zwei Schritten:
1. Alle Werte addieren. 2. Die Summe durch die Anzahl der Werte dividieren.
Die **Spannweite** ist die Differenz zwischen dem größten und dem kleinsten Wert.

2. In der Zeichnung sind für Jan die Zeiten, der Mittelwert und die Spannweite dargestellt. Erstelle eine solche Zeichnung mit Mittelwert und Spannweite für die Zeiten von Kübra.

Jan:

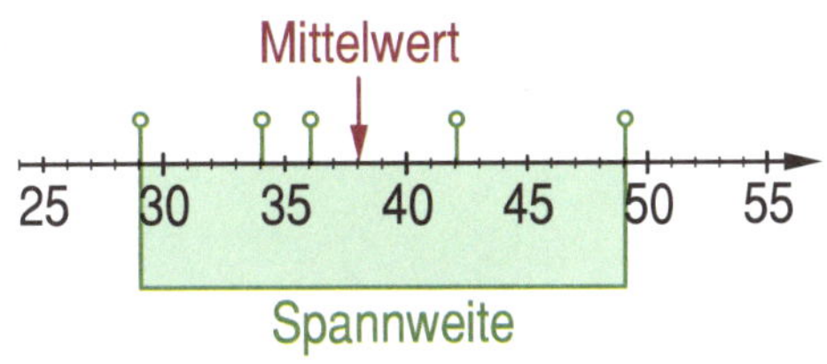

Kübra:

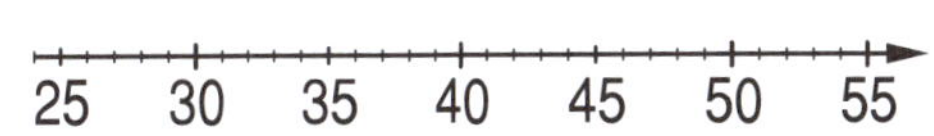

3. Die Zeiten von Jan wurden in einer Rangliste der Größe nach geordnet. Der Wert in der Mitte ist der Median. Bestimme ebenso den Median für die Zeiten von Kübra.

Jan Rangliste: 29 34 36 42 49 Median: 36

↑

Kübra Rangliste: ___ ___ ___ ___ ___ Median: ___

4. Für eine gerade Anzahl von Werten ist der Median der Mittelwert der beiden Werte in der Mitte der Rangliste. Im Beispiel wurde eine Rangliste für Geldbeträge erstellt. Berechne den Median.

Rangliste:
10 € 20 € 48 € 52 € 57 € 59 €
↑
Median: (48 + 52) : 2 = ___

5. Ordne die Werte der Größe nach. Unterstreiche die beiden Werte in der Mitte der Rangliste und bestimme den Median. Werte: 35 €, 30 €, 5 €, 10 €, 40 €, 20 €

Rangliste: ___ ___ ___ ___ ___ ___ Median: ___

1. In der Tabelle stehen die Ergebnisse im Weitsprung für zwei Gruppen.

							Mittelwert
Gruppe A	3,70 m	4,00 m	3,30 m	2,50 m	2,80 m	4,10 m	
Gruppe B	3,00 m	4,60 m	3,00 m	2,80 m	4,10 m	2,90 m	

a) Bestimme für jede Gruppe den Mittelwert.
Trage ihn in die Tabelle ein.

b) Ordne für jede Gruppe alle 6 Werte zu einer Rangliste.
Dann bestimme den Median und die Spannweite.

Gruppe A: ____ ____ ____ ____ ____ ____

Median: ______ Spannweite: ______

Gruppe B: ____ ____ ____ ____ ____ ____

Median: ______ Spannweite: ______

2. In der Tabelle stehen Ergebnisse beim Ball-Weitwurf.

						Mittelwert
40 m	35 m	38 m	34 m	37 m	32 m	

a) Bestimme den Mittelwert. Trage ihn in die Tabelle ein.

b) Ordne die Werte der Größe nach zu einer Rangliste.
Bestimme Median und Spannweite.

Rangliste: ____ ____ ____ ____ ____ ____

Median: ________ Spannweite: ________

3. In der Tabelle steht, wie viel Taschengeld im Monat fünf Jugendliche bekommen.

Lea	Kemal	Nina	Felix	Jakob	Mittelwert für das Taschengeld
25 €	20 €	100 €	35 €	20 €	

a) Wie hoch ist der Mittelwert für das Taschengeld der fünf Jugendlichen?
Trage ihn in die Tabelle ein.

b) Ordne die Werte der Größe nach zu einer Rangliste. Bestimme Median und Spannweite.

Rangliste: ____ ____ ____ ____ ____

Median: ________ Spannweite: ________

c) Trage ein, wie viele der fünf Jugendlichen so viel Taschengeld bekommen:

Mehr als der Mittelwert:	Mehr als der Median:
Weniger als der Mittelwert:	Weniger als der Median:

1. Die Klasse 7 verkauft in den Pausen Getränke und kleine Snacks. Die Verkaufszahlen sollen auf den Computer übertragen werden.

	Dienstag	Mittwoch	Donnerstag	Freitag
Milch	卌 卌 卌 |	卌 卌 |	卌 卌 卌 卌 |||	卌 卌 卌 卌 ||
Wasser	卌 卌 卌 卌	卌 卌 卌 |	卌 卌 卌 卌 卌 |	卌 卌 卌 卌 |||
Brötchen	卌 卌 |	卌 卌 卌	卌 卌 卌 卌 |||	卌 卌 卌 卌 卌 |
Frutti	卌 卌 |||	卌 卌 卌 ||	卌 卌 卌	卌 卌 卌 卌 |

a) Erstelle die Tabelle am Computer. Die Verkaufszahlen für Montag sind schon eingetragen.

	A	B	C	D	E	F	G	H
1	Verkaufszahlen							
2								
3		Mo	Di	Mi	Do	Fr	Summe	Durchschnitt
4	Milch	24					=B4+C4+D4+E4+F4	=G4/5
5	Wasser	37						
6	Brötchen	31						
7	Frutti	9						

b) Ergänze am Computer die Verkaufszahlen für Dienstag bis Freitag.

c) Berechne jeweils die Summe der Verkaufszahlen für Milch, Wasser, Brötchen und Frutti. Lies die Ergebnisse ab und trage sie in diese Tabelle ein.

d) Berechne den Durchschnitt der Verkaufszahlen je Tag für Milch, Wasser, Brötchen und Frutti. Trage die Werte in diese Tabelle ein.

2. a) Übertrage die Verkaufszahlen aus Spalte G in Aufgabe 1 in die Spalte B der Tabelle.

	A	B	C	D
1	Wochenabrechnung			
2				
3		Anzahl	Einzelpreis	Einnahme
4			in €	in €
5	Milch		0,60	=B5*C5
6	Wasser		0,50	
7	Brötchen		0,55	
8	Frutti		0,75	
9			Wocheneinnahme	
10			durchschnittliche	
11			Tageseinnahme	

b) Erstelle die Tabelle am Computer, Berechne jeweils die Einnahme für Milch, Wasser, Brötchen und Frutti. Übertrage die Ergebnisse in diese Tabelle

c) Berechne für alles zusammen die Wocheneinnahme. Trage sie in diese Tabelle ein.

d) Berechne die durchschnittliche Tageseinnahme. Trage sie in diese Tabelle ein.

1. Du darfst einen Beutel wählen und dann mit geschlossenen Augen eine Kugel ziehen. Du gewinnst, wenn du eine rote Kugel ziehst.

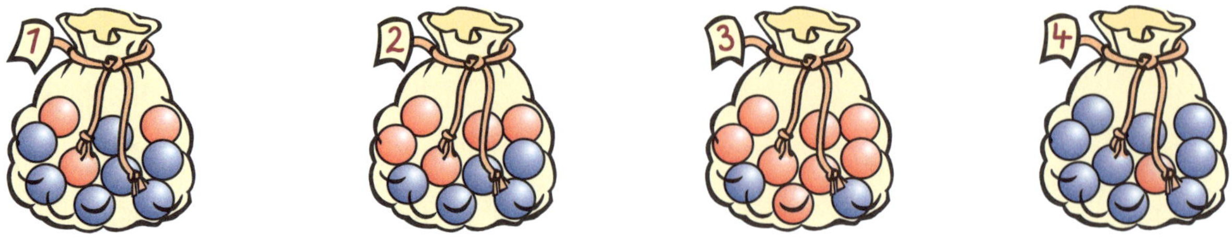

a) Welchen Beutel wählst du? A: ______________________

b) Gib für jeden Beutel die Wahrscheinlichkeit dafür an, dass die gezogene Kugel rot ist.

Beutel 1: $\frac{3}{10}$ Beutel 2: ________ Beutel 3: ________ Beutel 4: ________

2. Hier sind verschiedene Beutel. Du gewinnst, wenn du eine rote Kugel ziehst.
a) Gib für jeden Beutel die Gewinnwahrscheinlichkeit an.

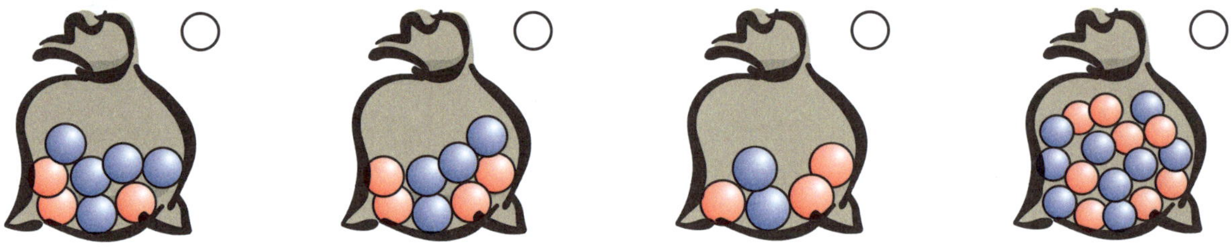

________ ________ ________ ________

b) Nur bei einem Beutel ist die Gewinnwahrscheinlichkeit größer als 50 %. Kreuze an.

3. Aus verschiedenen Beuteln wird eine Kugel gezogen.
Ergänze die Wahrscheinlichkeiten in der Tabelle.

		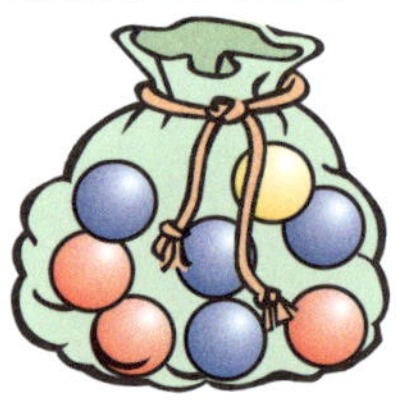	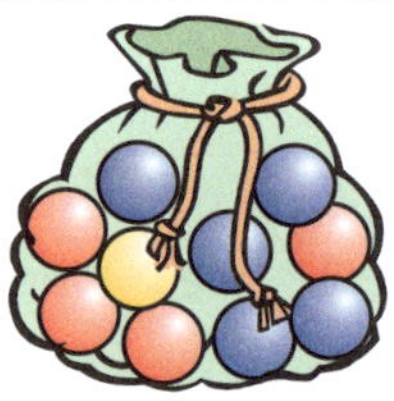	
a)	Die gezogene Kugel ist rot.	$\frac{3}{8}$		
b)	Die gezogene Kugel ist blau.			
c)	Die gezogene Kugel ist gelb.			
d)	Die gezogene Kugel ist blau oder rot.			
e)	Die gezogene Kugel ist nicht rot.			

4. In jedem Beutel sollen nur rote und blaue Kugeln sein. Die Gewinnwahrscheinlichkeit für eine rote Kugel ist jeweils angegeben. Färbe die Kugeln entsprechend.

a)
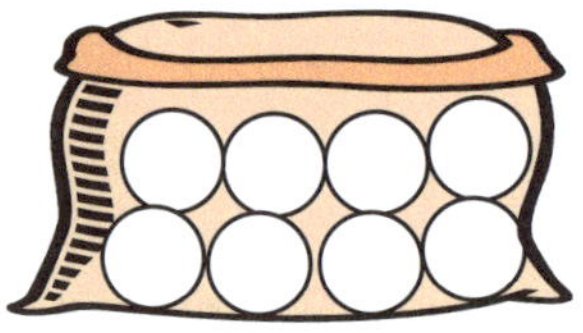
50 %

b)
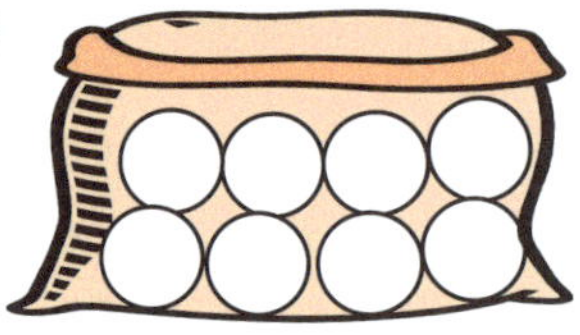
25 %

c)
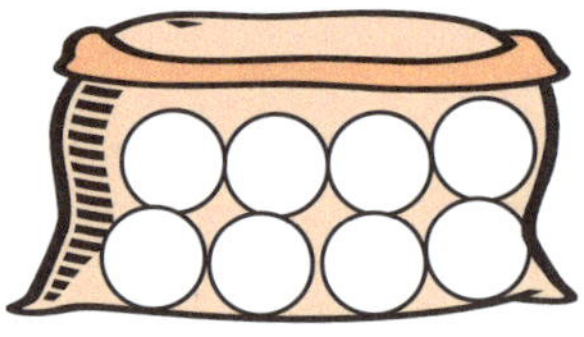
75 %

1. Kerstin und Marco würfeln mit einem roten und einem gelben Würfel.
a) Wie viele Möglichkeiten gibt es?

A: ______________________

b) Kerstin und Marco notieren nach jedem Wurf die Summe der Augenzahlen.
Die Augenzahlen notieren sie in einer Tabelle.
Fülle die Tabelle aus.

+	⚀	⚁	⚂	⚃	⚄	⚅
⚀	2	3				
⚁						
⚂						
⚃						
⚄						
⚅						

2. Die Augensummen in der Tabelle von Aufgabe 1 kommen nicht alle gleich oft vor. Trage ein, wie oft jede Augensumme vorkommt.

Augensumme	2	3	4	5	6	7
	einmal	___mal	___mal	___mal	___mal	___mal

Augensumme	8	9	10	11	12
	___mal	___mal	___mal	___mal	___mal

3. Beim Würfeln mit einem roten und einem gelben Würfel gibt es 36 Möglichkeiten.
Die Summe 3 kommt zweimal vor. Die Wahrscheinlichkeit für die Augensumme 3 ist $\frac{2}{36}$.
a) Trage für die angegebene Augensumme die Wahrscheinlichkeit ein.

Augensumme 2 Wahrscheinlichkeit $\frac{\quad}{36}$	Augensumme 6 Wahrscheinlichkeit ___
Augensumme 11 Wahrscheinlichkeit ___	Augensumme 9 Wahrscheinlichkeit ___
Augensumme 8 Wahrscheinlichkeit ___	Augensumme 12 Wahrscheinlichkeit ___

b) Welche Augensumme kommt am häufigsten vor? Wie groß ist ihre Wahrscheinlichkeit?

A: Die Augensumme ___ kommt am häufigsten vor. Ihre Wahrscheinlichkeit ist $\frac{\quad}{36}$.

4. Welche Regel hat die größere Gewinnchance? Kreuze an.

Du gewinnst bei Augensumme 5.

○

Du gewinnst bei Augensumme 10.

○

1. In der Tabelle steht, wie viel Euro Jonas und Laura in vier Ferienwochen ausgegeben haben.

Jonas	15 €	22 €	12 €	11 €
Laura	16 €	15 €	17 €	12 €

a) Ordne für jeden die 4 Werte zu einer Rangliste.

Jonas: ______ ______ ______ ______

Laura: ______ ______ ______ ______

b) Bestimme für die Ausgaben von Jonas und von Laura jeweils den Mittelwert, den Median und die Spannweite.

Jonas

Mittelwert: ______

Median: ______

Spannweite: ______

Laura

Mittelwert: ______

Median: ______

Spannweite: ______

2. Aus den Beuteln wird eine Kugel gezogen. Ergänze die Wahrscheinlichkeiten in der Tabelle.

a)	Die gezogene Kugel ist blau.			
b)	Die gezogene Kugel ist rot.			
c)	Die gezogene Kugel ist nicht gelb.			

3. In jedem Beutel sollen nur blaue und rote Kugeln sein. Die Gewinnwahrscheinlichkeit für eine rote Kugel ist jeweils angegeben. Färbe die Kugeln entsprechend.

a)

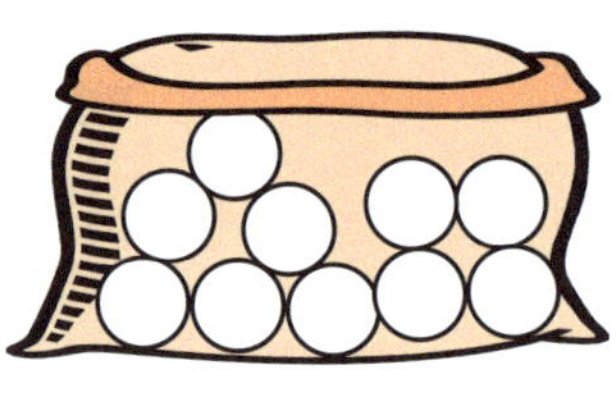

$\frac{4}{10}$

b)

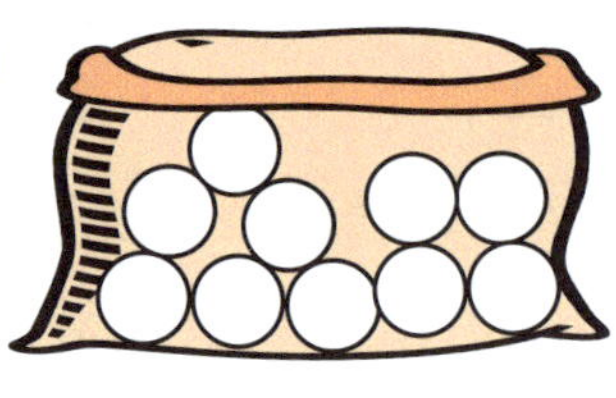

$\frac{1}{2}$

c)

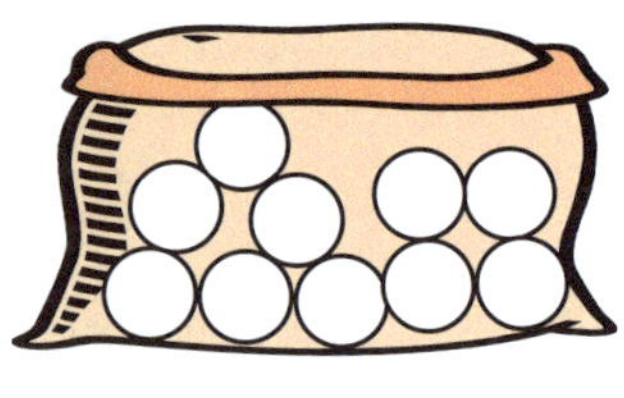

$\frac{1}{5}$

4. Sara würfelt mit einem blauen und einem grünen Würfel.

a) Welche Zahlen müssen die beiden Würfel zeigen, damit die Augensumme 5 ist? Trage in die Tabelle ein. Eine Möglichkeit ist schon eingetragen.

blauer Würfel	grüner Würfel
1	4

b) Wie groß ist die Wahrscheinlichkeit, dass Sara bei einem Wurf die Augensumme 5 würfelt?

A: ______________________________

1. Ordne die Zahlen zu.

6,03 | 6,17 | 6,25 | 6,41 | 6,54 | 6,7 | 6,77 | 6,96

2. Finde den gemeinsamen Nenner, dann rechne.

a) $\frac{7}{8} - \frac{1}{4} = \frac{7}{8} - \frac{}{8} =$ ______

$\frac{2}{3} + \frac{2}{9} = \frac{}{9} + \frac{2}{9} =$ ______

b) $\frac{4}{5} - \frac{1}{10} = \frac{}{} - \frac{}{} =$ ______

$\frac{4}{10} + \frac{1}{2} = \frac{}{} + \frac{}{} =$ ______

c) $\frac{3}{4} + \frac{1}{12} = \frac{}{} + \frac{}{} =$ ______

$\frac{3}{4} - \frac{1}{8} = \frac{}{} - \frac{}{} =$ ______

3. a)

· 100	
1,785	
25,76	
3,004	
0,865	

b)

: 10	
26,83	
9,4	
0,46	
210,4	

c)

: 100	
178,92	
87,5	
8,3	
20,74	

4. Bianca kauft 5 Batterien. Sie bezahlt insgesamt 4,50 €.

F: Wie teuer ist eine Batterie?

A: ______

Anzahl	€

5. Berechne den fehlenden Preis.

a) **Pinsel**

Anzahl	€
1	1,70
2	

b) **Farbroller**

Anzahl	€
2	5,20
6	

c) **Wandspachtel**

Anzahl	€
10	30,00
2	

d) **Cuttermesser**

Anzahl	€
8	16,40
4	

6. Ein Bautrockner kann die Wände in 16 Stunden trocknen.
Es stehen aber 4 Bautrockner zur Verfügung.

F: In welcher Zeit könnten 4 Bautrockner die Wände trocknen?

A: ______

Anzahl	h

7. Wie viel Zeit wird benötigt?

a) **Spachteln**

Personen	min
1	90
3	

b) **Tapezieren**

Personen	min
2	300
4	

c) **Aufräumen**

Personen	min
6	120
2	

8. Ist die Zuordnung proportional oder antiproportional? Berechne die fehlende Größe.

a)

Farbe	
Eimer	ℓ
1	15
4	

b)

Arbeitslohn	
h	€
20	400
4	

c)

Lackieren	
Maler	min
2	240
4	

9. a) Wie groß sind die markierten Winkel?

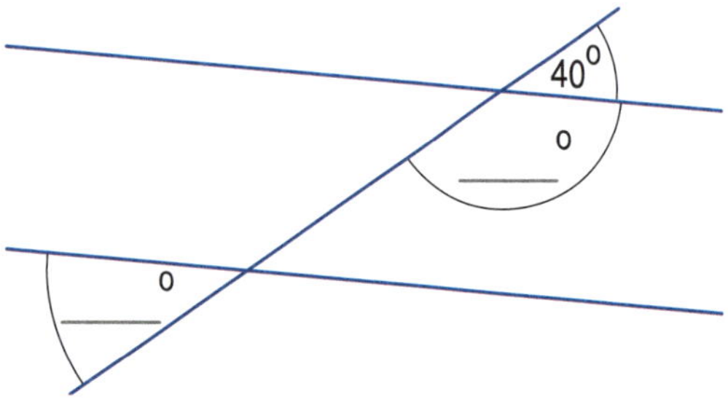

b) Färbe gleich große Winkel in der gleichen Farbe.

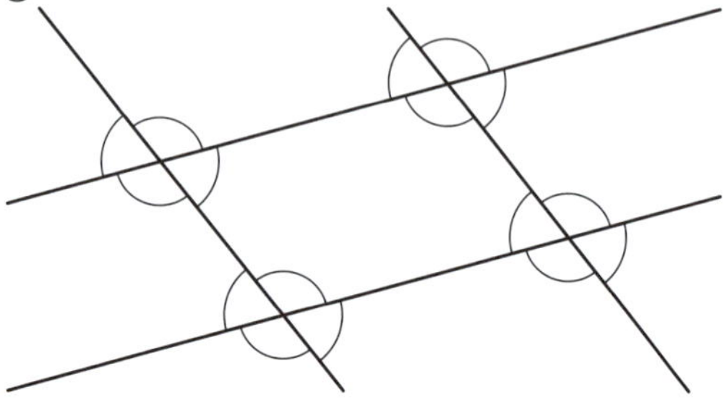

10. Bestimme mit einer Zeichnung, wie weit das Boot vom Leuchtturm und von der Kirche entfernt ist. Färbe zuerst in einer Planfigur die gegebenen Werte, dann zeichne das Dreieck. Für 1 km zeichne 1 cm.

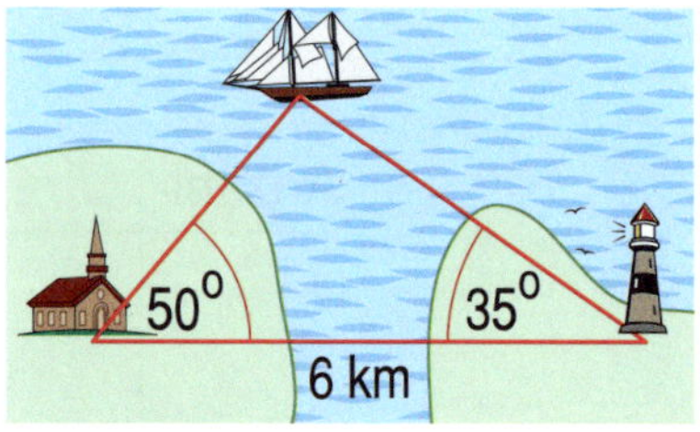

Planfigur:

Entfernung Boot – Leuchtturm: ____________ Entfernung Boot – Kirchturm: ____________

11. Vervollständige die Tabelle.

Bruch		$\frac{1}{10}$			$\frac{2}{5}$	
Hundertstelbruch	$\frac{50}{100}$			$\frac{75}{100}$		$\frac{90}{100}$
Prozentsatz	50 %		25 %			

12. a)

	von 600 €	von 2 500 €
1 %		
10 %		
50 %		

b)

	von 400 km	von 6 000 km
50 %		
25 %		
5 %		

13. Berechne mit dem Dreisatz.

a) 7 % von 300 kg

%	kg
100	300
1	
7	

7 % von 300 kg = ___ kg

b) 11 % von 200 kg

%	kg

11 % von 200 kg = ___ kg

c) 9 % von 5 000 kg

%	kg

9 % von 5 000 kg = ___ kg

14. Von 1 200 Jugendlichen sind 43 % Mitglied in einem Sportverein.
Wie viele der Jugendlichen sind Mitglied in einem Sportverein?

A: ______________________________

15. Alle Preise werden um 5 % gesenkt. Vervollständige die Tabelle.

Alter Preis	200 €	5 000 €	1 400 €	120 €	10 €	
Nachlass						15 €
Neuer Preis						285 €

16. Alle Preise werden um 2 % erhöht. Vervollständige die Tabelle.

Alter Preis	700 €	3 000 €	900 €	1 800 €	50 €	
Erhöhung						6 €
Neuer Preis						306 €

17. Zeichne die Säulen für die Temperaturen ein. Bestimme den Unterschied.

a)
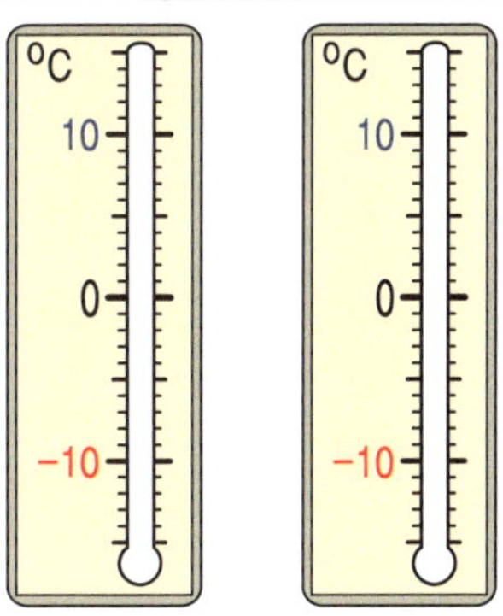

3 °C – 3 °C

Unterschied: ___ °C

b)
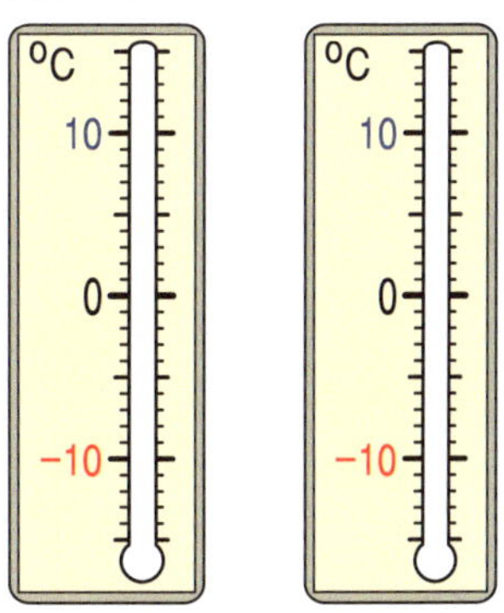

– 12 °C – 4 °C

Unterschied: ___ °C

c)
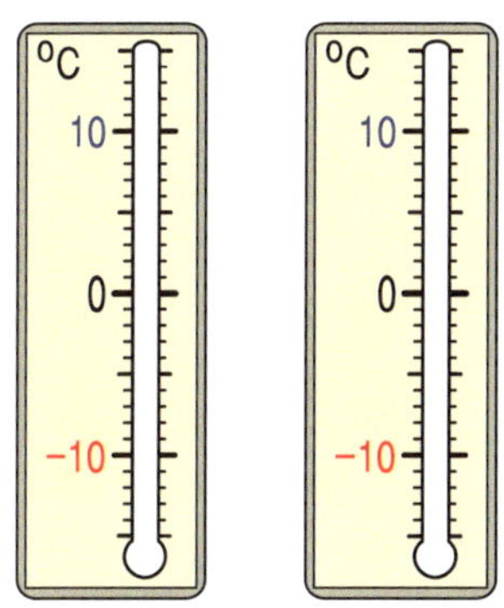

5 °C – 7 °C

Unterschied: ___ °C

18. Vergleiche die Temperaturen. Setze ein: <, > oder =.

a) 5 °C ☐ – 7 °C b) 0 °C ☐ – 22 °C c) 25 °C ☐ 12 °C d) – 5 °C ☐ 23 °C

19. Vervollständige die Tabelle.

Niedrigste Temperatur	– 4 °C	– 4 °C	– 5 °C	– 5 °C	– 21 °C	– 22 °C	– 9 °C	– 12 °C
Höchste Temperatur	0 °C	4 °C	– 5 °C	5 °C	– 19 °C	– 12 °C	28 °C	– 8 °C
Unterschied	°C	°C	°C	°C	°C	°C	°C	°C

20. Wie heißen die Zahlen?

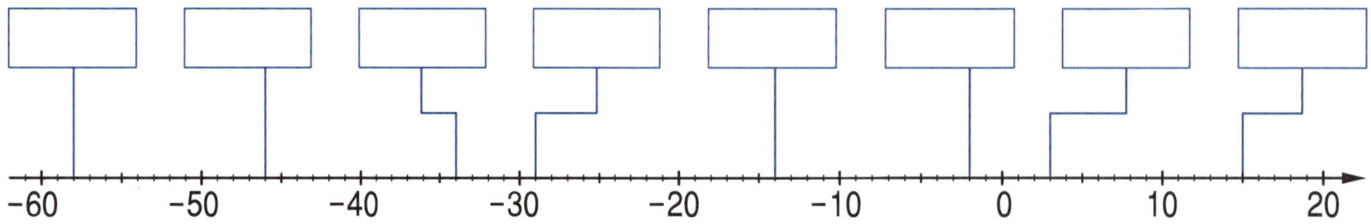

21. Die Summe der Zahlen in zwei nebeneinander liegenden Steinen steht im Stein darüber.

a)

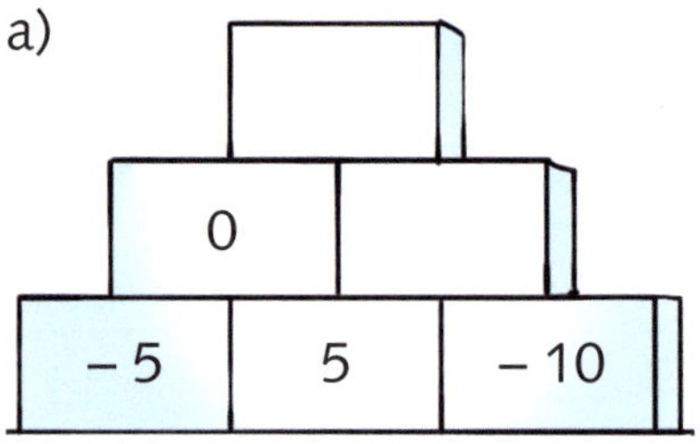

b)

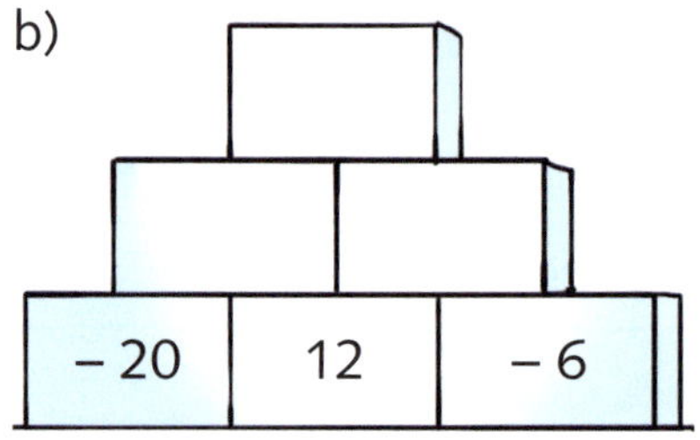

c)

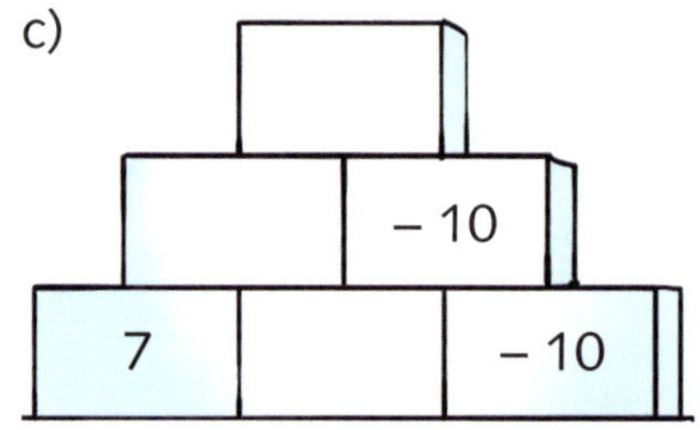

22. a) 20 + 12 = ____ b) 50 – 55 = ____ c) – 13 + 20 = ____ d) 200 – 300 = ____

– 20 – 12 = ____ 23 – 45 = ____ – 31 – 18 = ____ – 300 + 300 = ____

40 – 20 = ____ – 20 – 21 = ____ – 20 + 50 = ____ – 110 – 110 = ____

– 20 – 40 = ____ – 30 + 15 = ____ – 40 + 55 = ____ – 520 + 120 = ____

23. Herr Karsten hat 250 € auf dem Konto.
Für den Kauf einer Waschmaschine hebt er 450 € ab.

F: ______________________________

R: ______________________________

A: ______________________________

24. Beachte, ob Geld ausgezahlt oder eingezahlt wird. Ergänze die fehlenden Geldbeträge.

a)

Kontostand (alt)	Auszahlung	Kontostand (neu)
70 €	70 €	
55 €	60 €	
	10 €	60 €
	50 €	– 20 €
60 €		– 30 €
– 50 €		– 80 €

b)

Kontostand (alt)	Einzahlung	Kontostand (neu)
– 10 €	50 €	
– 80 €	30 €	
	20 €	50 €
	20 €	10 €
40 €		80 €
– 80 €		– 40 €

25. Umfang oder Flächeninhalt, was muss berechnet werden? Kreuze an.

		Umfang	Flächeninhalt
a)	Die Außenlinien des Fußballfeldes werden nachgezogen.		
b)	Die Decke der Sporthalle wird gestrichen.		
c)	Der Rasen des Fußballplatzes wird gemäht.		
d)	Um die Sprunggrube herum wird Absperrband gespannt.		

26. Miss die Länge der Seiten a und b. Berechne Umfang und Flächeninhalt des Rechtecks.

a) a = ____ cm, b = ____ cm

$u = 2 \cdot a + 2 \cdot b$

$u = 2 \cdot$ ____ cm $+ 2 \cdot$ ____ cm

u = ______ cm

$A = a \cdot b$

A = ____ cm · ____ cm

A = ______ cm^2

b) a = ____ cm, b = ____ cm

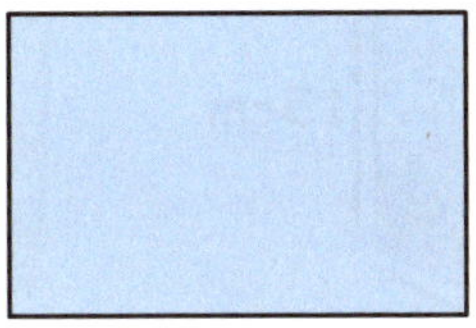

u = ____________

u = ____________

u = ____________

A = ____________

A = ____________

A = ____________

c) a = ____ cm, b = ____ cm

u = ____________

u = ____________

u = ____________

A = ____________

A = ____________

A = ____________

27. Berechne Umfang und Flächeninhalt des Dreiecks.

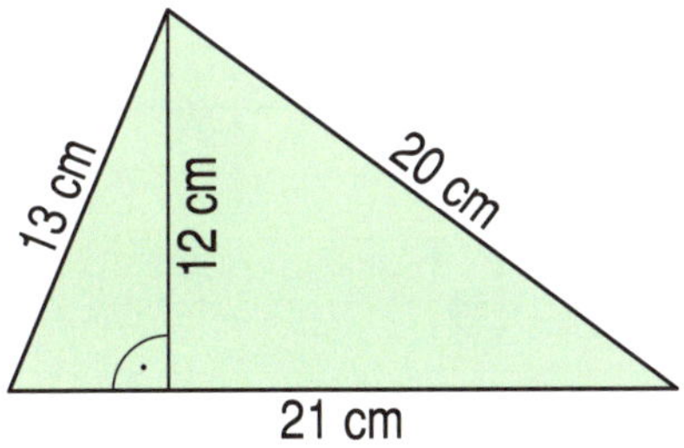

u = ____________

u = ____________

u = ____________

A = ____________

A = ____________

A = ____________

28. Ergänze fehlende Maße. Berechne den Flächeninhalt und den Umfang des Blumenbeetes.

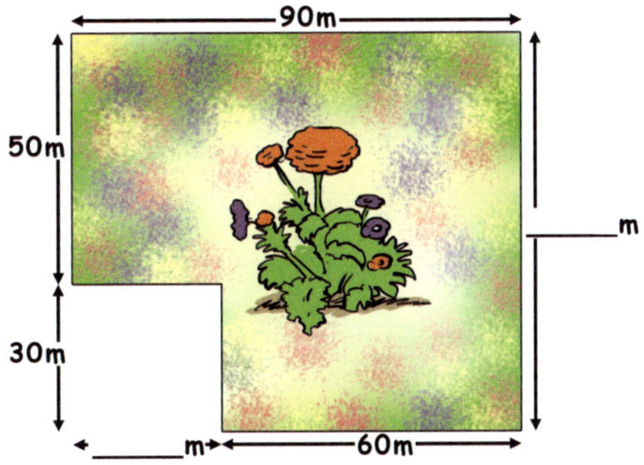

A = ____________

u = ____________

29. Berechne das Volumen des Quaders.

a)
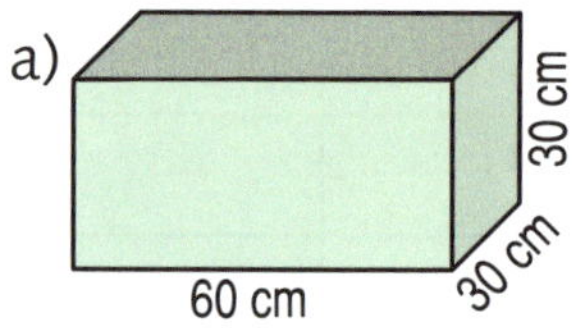

b)
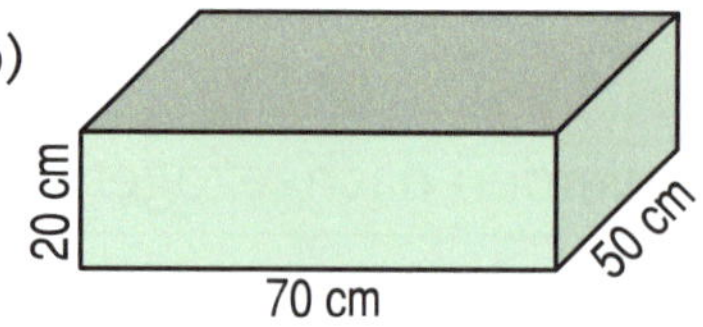

Volumen = ______ Volumen = ______

30. Wie viel Liter Getränk enhält das Paket?

a)
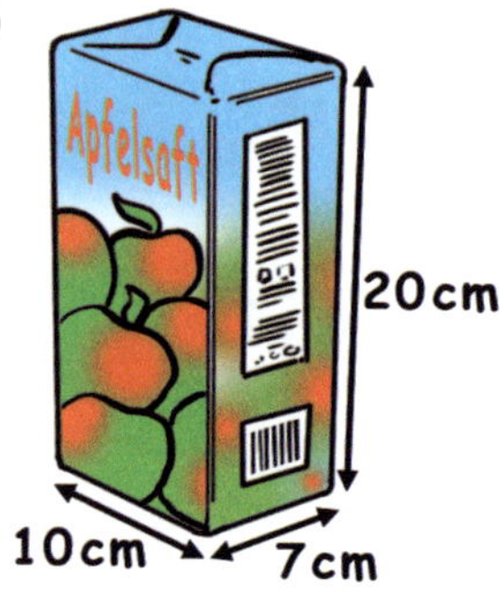

b)

c)
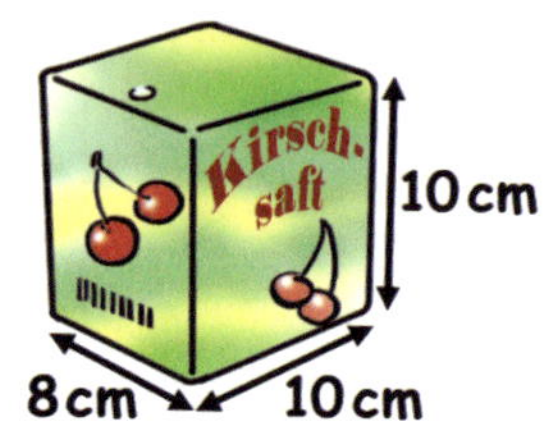

d)
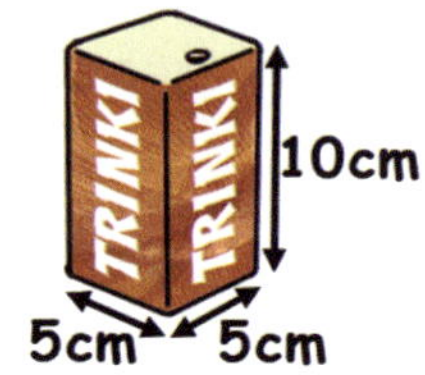

______ ℓ ______ ℓ ______ ℓ ______ ℓ

31. Löse die Gleichung.

a) $4x = 20$

b) $3x + 7 = 25$

32. Aus den Beuteln wird eine Kugel gezogen. Ergänze die Wahrscheinlichkeiten.

a)	Die gezogene Kugel ist blau.			
b)	Die gezogene Kugel ist rot.			
c)	Die gezogene Kugel ist gelb.			
d)	Die gezogene Kugel ist rot oder gelb.			
e)	Die gezogene Kugel ist nicht gelb.			

1. Vervollständige die Zahlenreihen.

a)

8700	8800								9600

b)

		12200	12400						13600

c)

10300	10200								9400

2. a) 4300 + 4200 = ______ b) 8600 – 1500 = ______ c) 3500 + 6500 = ______

6600 + 2400 = ______ 2200 – 1100 = ______ 7200 + 2700 = ______

3800 + 6100 = ______ 5300 – 2300 = ______ 4300 + 2600 = ______

2900 + 4100 = ______ 6100 – 4100 = ______ 5200 + 1800 = ______

3. a)

+	3400	2200	4100
42600			
28900			
71300			

b)

–	4500	1800	3500
25300			
36700			
52600			

4. Trage die Buchstaben bei den Lösungszahlen ein. Du erhältst ein Lösungswort.

a) 6324 + 2137 [L] b) 12562 + 16938 [E] c) 9539 + 20247 [L] d) 27403 + 18329 [T] e) 54210 + 7318 [N]

f) 7945 – 1994 [K] g) 23465 – 14678 [I] h) 62074 – 1069 [O] i) 41206 – 27460 [N] j) 50219 – 24390 [G]

5951	8461	8787	13746	25829	29500	29786	45732	61005	61528

5. Im Kopf oder schriftlich? Trage die Ergebnisse ein.

a) 2765 + 3002 = ______ b) 6754 – 3496 = ______ c) 66002 + 13453 = ______

4238 + 7374 = ______ 8765 – 2001 = ______ 37405 – 27403 = ______

9457 + 1999 = ______ 6783 – 2999 = ______ 18250 + 11250 = ______

1. Vervollständige die Zahlenreihen.

a)

300	600								3000

b)

	8000	12000							40000

c)

			24000	30000					60000

2. Trage die Buchstaben bei den Lösungszahlen ein. Du erhältst ein Lösungswort.

a) 60 · 9 = ______ E
80 · 4 = ______ Y
70 · 8 = ______ R
60 · 7 = ______ V

b) 4 · 800 = ______ R
7 · 900 = ______ G
5 · 400 = ______ T
9 · 600 = ______ A

c) 4800 : 60 = ______ N
7200 : 80 = ______ D
4900 : 70 = ______ A
4500 : 90 = ______ H

50	70	80	90	320	420	540	560	2000	3200	5400	6300

3. a)

·	3	50	7	90
800				
40				

b)

:	30	60	2	600
1200				
24000				

4.
a) 428 · 9
b) 802 · 7
c) 740 · 8
d) 694 · 6
e) 379 · 50
f) 814 · 72
g) 306 · 92
h) 718 · 26

5. Im Kopf oder schriftlich? Trage die Ergebnisse ein.

a) 2846 : 2 = ______
6012 : 6 = ______

b) 29178 : 9 = ______
50555 : 5 = ______

c) 33330 : 3 = ______
19996 : 4 = ______

1. Vervollständige die Zahlenreihen.

a)	5,7	5,8								6,6
b)	14,2	14,6								17,8
c)			20,5	20,8						22,6
d)				13,4	14,1					17,6

2. Addiere und subtrahiere im Kopf.

a) 0,6 + 0,3 = ______ b) 1,4 + 0,7 = ______ c) 1,9 – 0,5 = ______ d) 1,6 – 0,8 = ______

1,2 + 2,4 = ______ 2,5 + 0,8 = ______ 4,5 – 0,3 = ______ 3,4 – 0,9 = ______

3,5 + 1,2 = ______ 3,9 + 1,2 = ______ 6,8 – 2,4 = ______ 5,2 – 1,7 = ______

3. Die Summe der Zahlen in zwei nebeneinander liegenden Steinen steht im Stein darüber.

a)

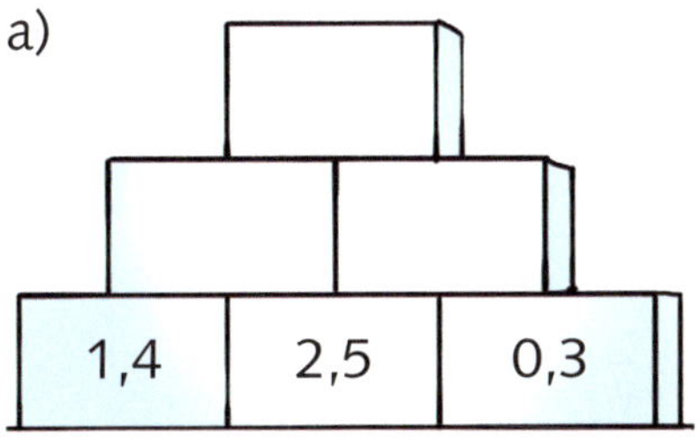

b)

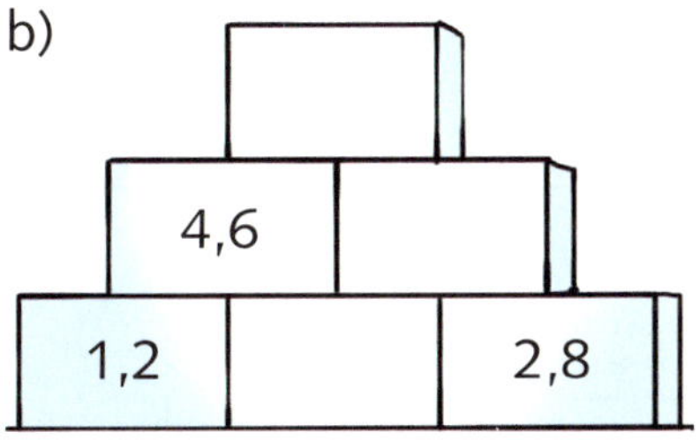

c)

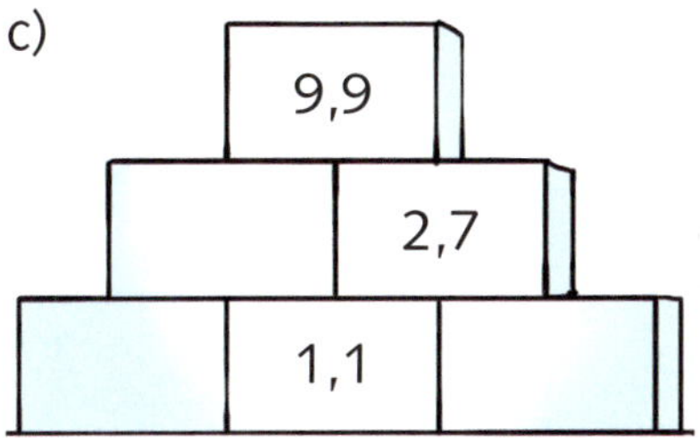

4. Schreibe richtig untereinander und addiere.

a) 13,25 + 46,52

b) 0,67 + 12,86

c) 27,22 + 3,87

5. Schreibe untereinander und subtrahiere.

a) 45,89 – 16,47

b) 23,68 – 1,29

c) 45,34 – 17,85

6. Im Kopf oder schriftlich? Trage die Ergebnisse ein.

a) 12,35 + 0,12 = ______ b) 15,60 + 0,45 = ______ c) 67,90 – 15,20 = ______

0,70 + 1,30 = ______ 28,73 + 42,39 = ______ 46,72 – 8,96 = ______

17,74 + 26,26 = ______ 64,65 + 35,35 = ______ 45,65 – 5,67 = ______

1. Vervollständige die Zahlenreihen.

a)

0,4	0,8								4,0

b)

		2,1	2,8					6,3	

c)

			3,2	4,0				7,2	

2. Trage die Buchstaben bei den Lösungszahlen ein. Du erhältst ein Lösungswort.

a) 1,5 · 3 = ______ C
0,4 · 2 = ______ H
2,2 · 4 = ______ N
1,7 · 2 = ______ A

b) 5 · 0,8 = ______ S
7 · 0,7 = ______ H
6 · 1,1 = ______ I
4 · 2,3 = ______ E

c) 0,8 : 2 = ______ S
5,6 : 8 = ______ C
5,4 : 9 = ______ U
9,6 : 3 = ______ M

0,4	0,6	0,7	0,8	3,2	3,4	4,0	4,5	4,9	6,6	8,8	9,2

3. a)

·	1,2	2,1	3,2	3,5
4				
7				

b)

:	2	3	4	6
3,6				
4,8				

4.

a) 56,2 · 7
b) 7,34 · 8
c) 6,04 · 9
d) 21,74 · 5
e) 17,9 · 23
f) 8,7 · 1,3
g) 2,34 · 5,6
h) 80,27 · 1,9

5. Im Kopf oder schriftlich? Trage die Ergebnisse ein.

a) 66,69 : 3 = ______
64,23 : 100 = ______

b) 357,12 : 9 = ______
124,65 : 10 = ______

c) 44,684 : 2 = ______
16,072 : 4 = ______